아들, 남자로 키우기

Boys Should Be Boys: 7 Secrets to Raising Healthy Sons

2008 by Margaret J. Meeker

All rights reserved.

Original edition published by Regnery Publishing, Inc., USA.

Korean translation rights arranged with Regnery Publishing, Inc., Washington, DC and

Jihoon Publishing House, Korea through PLS Agency, Seoul.

Korean edition rights © 2013 by Jihoon Publishing House, Seoul.

나약하지 않고 부드러운, 흔들리지 않고 의지가 굳은

아들
남자로 키우기

메그 미커 지음 | 조한나 옮김

아들을 건강하게 키우기 위한 일곱 가지 비밀

이 책은 일종의 '부모를 위한 위험한 책'이라고 해도 좋을 것이다. 소년들 사이의 베스트셀러 《위험한 책(Dangerous Book for Boys)》은 많은 부모들은 허락하지 않겠지만 소년들이 열광할 만한 재미난 정보와 프로젝트로 가득 차 있다. 나무 위에 집을 짓는다고? 너무 위험해. 나무에서 떨어져서 팔이 부러질 거야. 거미와 벌레랑 논다고? 에휴, 징그러워. 아이들에게 사냥하는 법을 가르친다고? 화살과 활을 만드는 방법을? 역사상 위대한 전쟁들을 가르친다고? 당신, 정신 나갔어?

사실 이런 것들은 남자아이라면 누구나 좋아할 만한 것들이고, 아이들에게 해가 될 이유도 없다. 소아과 의사로 일하면서 나는 팔이 부러지거나, 거미한테 물리거나, 숲 속에서 전쟁놀이를 하다가 무릎에 상처가 난 소년들을 수도 없이 보았지만, 이런 모습은 그저 성장하는 과정의 일부일 뿐이다. 너무 많은 부모들이 활동적인 아들이 즐기는 건전한 놀이에 대해서는 지나치게 걱정하면서도 아이에게 진정으로 위험한 것이 무엇인지는 알아차리지 못한다. 대중가요, 텔레비전, 컴퓨터 게임 등이야 말로 아이들의 감수성을 죽이고, 사람들과 직접적인 교류를 막고, 성숙한 인간이 되어가는 과정을 방해한다. 또한 이런 것들은 아이들이 적절한 야외활동에 에너지 쏟을 기회를 빼앗고, 아이들을 부모 곁에서 멀어지게 하고, 삶에 대한 기대치를 낮추게 만든다.

이 책에서 나는 많은 부모들이 가지고 있는 오해, 잘못된 정보, 혼란스러운 가정들에 대해서 샅샅이 파헤칠 것이다. 이 책은 소아과 의사로서 경험, 과학적 자료, 그리고 정치적으로 바람직한 '자녀 교육' 지침을 너무 많이 읽은 나머지 지나쳐버리게 되는 일반 상식 등을 바탕으로 한 실용적인 조언을 줄 것이다. 내 관심사는 정치적으로 올바른지가 아니다. 그보다는 어떤 것이 우리 아이들에게 최선이고, 진실이 무언지 찾는 것이다. 아들을 키우는 일에서, 나는 정치적으로 올바르다고 여겨지는 것과 실제로 아이를 키우면서 찾게 되는 진실이 극과 극의 모습을 보이는 것을 자주 보았다. 이제는 무엇보다 우리 아이들이 우선이 되어야 할 때이다.

이 책에서는 건강하고 행복한 사내아이—정직하고 용감하며 겸손하고 유순하고(자신의 힘을 기꺼이 자제한다는 의미에서) 친절한 사내아이—를 키우는 방법을 배울 수 있을 것이다. 그런 소년으로 키우는 데에는 여러 비법들이 있다. 하지만 그 가운데 가장 중요한 것을 꼽자면 다음의 일곱 가지이다. 여기에서는 간단히 언급하고, 이 방법들이 무엇을 뜻하는지, 어떻게 사용해야 하는지에 대해서는 각 장에서 더 자세히 살펴보도록 하자.

- **아들을 격려할 수 있는 방법을 찾아야 한다.** 아이를 과잉보호하거나 응석받이로 키우는 것도 문제지만, 너무 엄하게 대하면 아이의

자존감을 파괴하게 되고, 부모는 아이와 소통하지 못하게 된다. 이 둘 사이의 적절한 균형점을 찾는 방법을 앞으로 살펴볼 것이다.

- **아들에게 필요한 것이 뭔지 알아야 한다.** 뭘까? 새로 나온 게임기? 아니다. 바로 당신이다. 우리는 아들과 함께 많은 시간을 보내는 방법에 대해 살펴볼 것이다.

- **남자아이들은 야외활동을 즐긴다는 점을 인정해야 한다.** 소년들은 바깥에서 노는 것을 좋아한다. 건강한 남자아이라면 모험에 빠져드는 기분을 느끼고 싶어 한다. 또 남자아이들은 야외활동을 통해 현실감각을 배울 수 있으며, 아이들에게는 그런 경험이 필요하다.

- **남자아이들에게는 규칙이 필요하다는 것을 잊지 말자.** 남자아이들은 본능적으로 '남자들의 규칙'을 만든다. 부모가 그 규칙을 정해주지 않으면 길을 잃게 될 것이다.

- **미덕은 여자아이들에게만 필요한 것이 아니라는 걸 인정하자.** 사실 남자아이들이야말로 소년다운 미덕을 가져야 한다. 술을 마시고, 담배를 피우고, 쉽게 성관계를 가지는 10대의 모습은 결코 정상이 아니다. 이런 아이들은 유해한 대중문화의 영향을 받아 비정상적으로 사회화된 것이다. 불과 40년 전만 하더라도 소아과 의사로서 감당해야 하는 소년들의 정신적·육체적 문제들은 비교적 가벼운 걱정거리에 지나지 않았지만, 지금은 더욱 심각해졌고 심지어 생명을 위협하는 지경에 이르렀으며, 유행병처럼 급증했다. 건강한 소년이라면 정직, 성실, 자제와 같은 미덕을 자연스럽게 추구하게 되며, 사실 이런 덕목들이야말로 소년을 어른으로 만들어준다. 이것들은 꼭 필요한 덕목이며, 아이들이 이런 덕목을 배우려면 부모의 도움이 필요하다. 그 방법을 알아보자.

- 삶의 중요한 문제들을 아들에게 가르치는 방법을 배우자. 많은 부모들은 이런 일을 피하려고 한다. 그 이유 중 하나는 부모 자신들이 그런 문제를 불편하게 느끼기 때문이다. 그런 부모들은 이런 문제를 사소하다고 무시하거나, 심지어 해롭다고 일축하고 싶어 한다. 어쩌면 자녀에게 자신의 견해를 강요하고 싶지 않아서 그럴 수도 있다. 하지만 부모의 개인적인 견해가 어떻든 간에 아이는 자신이 왜 태어났는지, 이 세상에서 자기가 할 일은 무엇인지, 자신의 존재가 왜 중요한지를 알고 싶어 하며, 또 알아야만 한다. 이렇게 중요한 문제들에 대해 충분히 이해하지 못한 소년들은 결국 나쁜 길로 빠져서 자기 파괴적인 행동을 할 위험이 크다.
- 아들의 삶에서 가장 중요한 사람은 바로 부모인 여러분이라는 것을 항상 기억해라.

부모가 되는 일은 종종 너무 벅찬 과제처럼 보일지도 모른다. 하지만 대부분의 부모는 아들을 건강하게 키우는 데 필요한 자질을 모두 갖고 있다고 장담할 수 있다. 당신은 아들의 삶을 더 나은 쪽으로 이끌 수 있는 직관, 따뜻한 마음, 책임감을 가지고 있다. 이 책은 당신에게 그 방법을 보여주는 작은 한걸음이 될 것이다.

| 차례 |

서문 _ 아들을 건강하게 키우기 위한 일곱 가지 비밀 • 4

제1장   남자아이들은 괴롭다

우리 아이들이 위험하다 • 18

가장 먼저 해야 할 일은? • 24

제2장   또래에게 받는 압박감에 맞서기

사랑과 훈육은 5:1의 비율로 • 35

아들을 누군가의 쓰레기장으로 만들지 마라 • 39

당신은 아이의 적이 아니다 • 41

제3장   황소개구리와 경주용 자동차

야생에 매료되는 남자들 • 48

자기들만의 숲 속 요새가 필요하다 • 53

자신의 힘을 깨닫게 하는 모험 • 61

제4장   전자매체의 영향

아이들의 마음에 미치는 영향 • 76

폭력을 가하는 매체 • 77

대중매체 속의 성(性) • 81

포로노가 아이들에게 주는 충격 • 85

우리가 보는 TV 프로그램은 우리 자신이다 • 87

전자기기와 맺는 관계 • 89

제5장　**남성호르몬을 어떻게 다스릴까?**

우울한 아이들 • 101

인지발달상의 성숙도 • 105

제6장　**격려, 통제, 경쟁**

어머니와 아버지의 격려는 다르다 • 115

스포츠와 통제 • 119

경쟁의 역할 • 126

제7장　**어머니가 아들에게 줄 수 있는 것**

사랑의 얼굴 • 134

매의 눈으로 지켜보기 • 139

품위 수호 • 147

자애로움 • 149

감정 커넥터 • 150

사랑이 옆길로 샐 때 • 152

모성의 갈등 • 159

제8장　**아버지가 만드는 차이**

아들에게 줄 수 있는 것 • 175

축복 • 177

사랑 • 186

자기 통제 • 190

제9장　**소년에서 남자로**

성숙한 어른이 필요하다 • 196

'네 탓이야'에서 '내 책임이야'로 • 197

올바른 신념체계를 세우기 위해 • 200

인내심을 갖고 전진하기 • 207

제10장　**종교의 영향**

신은 소년들에게 이롭다 • 215

왜 소년들에게 종교가 필요할까 • 219

제11장 **어떻게 살라고 가르쳐야 할까?**

정직함 • 232

용기 • 233

겸손 • 234

온유 • 236

친절함 • 238

제12장 **당신이 확인해야 할 열 가지**

1) 당신이 아들의 세상을 변화시킨다는 사실을 유념하라 • 246

2) 아들의 내면을 성장시켜라 • 248

3) 아들의 남성성을 긍정적으로 발달시켜라 • 250

4) 목적과 열정을 찾도록 도와주어라 • 252

5) 봉사를 가르쳐라 • 253

6) 자기 존중을 가르쳐라 • 254

7) 포기하지 마라 • 256

8) 아들의 영웅이 되라 • 257

9) 아들을 지켜보라, 계속 지켜보라 • 259

10) 당신이 줄 수 있는 최고의 것을 주어라 • 259

제1장

남자아이들은 괴롭다

보통의 남자아이들이 어떤 모습인지 모르는 사람은 없을 것이다. 허클베리 핀 같은 개구쟁이, 바지 뒷주머니에 새총을 꽂은 채 야구카드를 주고받는 아이들, '계집애들은 출입금지'인 나무 위의 오두막 아지트 등은 전형적인 남자아이들에게서 쉽게 떠올릴 수 있는 모습이다. 남자아이를 둔 부모라면 아이에게서 골목대장이나 보호자, 가장이 되려는 본능, 또는 영웅이 되어 악당을 물리치려는 본능이 드러나는 모습을 쉽게 보게 된다. 남자아이들은 심지어 걸음마만 떼면 누가 시키지 않아도 나뭇가지를 들고 칼싸움을 시작한다.

아들을 둔 엄마이자 소아과 의사로서 나는 남자아이들에게서 전형적인 소년기의 특성이 활성화되기 시작하는 모습을 지켜볼 수 있었다. 하지만 우리 사회는 너무 오랫동안 남녀평등이라는 이름으로 남자아이와 여자아이가 다르지 않다는 주장을 정당화해왔다. 그래서 여자아이들은 좀 더 공격적이고 경쟁적이 되도록, 또 수학과 과학에 더 집중하도록 밀어붙여야 하고, 반면에 남자아이들은 좀 더 고분고분하고 차분해지도록 성격을 누그러뜨려야 한다고 주장했다. 물론 나는 여성이자 의사로서 여자아이들의 과학 점수가 높아지는 것을 환영한다. 하지만 많은 사회 지표들에서도 볼 수 있듯, 아이들을 자신의 실제 모습과 다른 모습으로 만들려는 사회적 풍토는 문제가 된다. 나는 이전에 쓴 책 《강한 아빠, 강한 딸(Strong Fathers, Strong Daughters)》에서는 여자아이들이 자라면서 부딪히는 어려움에 대해 설명했다. 하지만 오늘날의 남자아이들에게 닥치는 어려움은 더 심각하다. 그동안 우리 사회는 소년들의 욕구와 특성을 부당하게 다뤄왔다.

남자아이와 여자아이는 이 세상에 각자 다른 선물을 가져다준다. 우리는 소년기의 가치를 인정하고 남자아이가 사내다워지도록 도와주어야 한다. 부모로서 어린 개구쟁이 아들(그렇다. 흙투성이 머리에, 주머니 속에 개구리를 숨기고, 야구공으로 창문을 깼던 그 아이 말이다)이 자신감 넘치고, 성숙하며 사려 깊은 남자로 성장하도록 돕는 방법을 찾아야 한다.

사내아이는 여자아이나 성인 여성이라면 절대로 하지 않을, 생각조차 하지 않을 일들을 한다. 물론 나름대로 의미 있는 일들이다. 진료실에서 만난 여덟 살짜리 소년 세스는 내가 지난 20년 가까이 의사 노릇을 하면서도 얻지 못했던 중요한 지식을 가르쳐줬다. 바로 곰 사냥을 위한 함정을 만드는 방법이었다.

"미커 선생님, 먼저 아주아주 큰 구멍을 파야 해요. 선생님이 뛰어 들어갈 수 있을 정도로 커야 해요." 세스는 팔을 넓게 펼치면서 구멍이 얼마나 커야 하는지 말했다. "그런 다음에 끝이 아주 날카로운 막대기들을 세워서 구멍을 채워요. 그러고 나서 나무에서 가지들을 잘라내 그걸로 구멍을 덮어야 해요." 세스는 미친 듯이 팔을 휘두르며 상상의 나뭇가지들을 부러뜨려서 구멍 위를 덮는 시늉을 했다. "나랑 티미는 그 위에 낙엽이랑 잔가지들도 올려놨어요. 그래야 곰을 속일 수 있거든요."

세스는 완전히 흥분한 상태로 곰 사냥 함정을 만드는 과정을 자랑스럽게 설명했다. 내가 곰을 본 적이 있느냐고 묻자 세스는 겨우 여덟 번이나 열 번 정도 봤다고 대답했다.

물론 곰은 밤에만 볼 수 있다고 했다. 소년들이 함정을 만드는 낮 시간에는 곰들이 잠을 자기 때문이다. 게다가 집 뒤뜰에는 나무가 몇 그루밖에 없고, 곰은 주로 큰 숲에서 지내고 있다고 말했다. 세스의 엄마는 옆에서 기가 차다는 표정으로 서 있었다.

초등학교 2학년 정도의 남자아이들은 숲 속에 곰 사냥을 위한 함정을 판다. 소파를 항공모함의 비행갑판으로 만들기도 하고, 아빠의 면도 크림으로 활주로를 그리기도 한다. 4학년이 되면 음료수 페트병을 폭발시키고, 공기총으로 전구를 쏴서 깨뜨린다. 6학년이 된 남자아이들은 로켓을 만드는 실험을 한다. 친구들과 함께 깔깔거리며 지쳐 쓰러질 때까지 자전거 경주를 하기도 한다. 대체 왜 그러는 걸까? 건강하고 혈기왕성한 어린 소년이라면 자신의 육체적, 정신적 힘의 한계가 어디까지인지 시험해보기를 좋아하기 때문이다. 그런 일들은 그냥 아이들의 기분을 좋게 한다. 소년들은 몸싸움을 하고 공을 차며 뛰어다니는 것을 사랑한다. 또 무엇이든 만들고, 폭발시키고, 고치고, 여러 가지 원리를 이해하는 일 등에 도전하는 것을 좋아한다. 소년들은 곰을 잡을 함정을 만드는 일부터 프로야구 정보에 이르기까지, 모든 일에 전문가가 되고 싶어 한다.

우리 아이들이 위험하다

하지만 오늘날 건강하고 자연스러운 소년기의 모습은 공격받고 있다. 남성성과 소년다움을 평가절하하는 교육기관, 사회적으로 널리 퍼진 이혼 및 편부모 가정의 증가, 그에 따른 책임감 있는 아버지의 부재 등 널리 알려진 사회적 변화들로부터 공격당하고 있을 뿐만 아니라, 여자아이들에게도 위험한, 저속하고 해로운 대중문화도 남자아이들을 타락시키는 데 한몫한다.

아들을 키우는 부모로서, 우리는 소년기의 모습이 달라져왔다는 것을 알고 있다. 그것도 나쁜 방향으로 말이다. 우리는 우리 아들이 세스와 같은 아이가 되기를 바란다. 비디오 게임을 하면서 외계인을 죽이는 것이 아니라, 나무 요새를 짓고 곰을 사냥하는 함정을 만들기를 바란다. 우리 부모들은 사내아이들이 송어 낚시를 하러 가고, 나무 그늘에 앉아서 미래에 대한 꿈을 꾸던 시절을 기억하고 있다. 하지만 지금은 아이들이 아이팟과 이어폰, 인터넷 포르노에 사로잡혀 우리와 멀어져가는 것을 걱정하고 있다.

우리가 성장하던 1960~1970년대에는, 심지어 1980년대까지만 해도 남자아이들이 TV를 켜는 일이 이렇게까지 위험하지 않았다. 당시의 방송사들이 그때까지는 일반적인 도덕률에 대한 합의를 유지하고 있었기 때문이다. 하지만 지금 부모들은 아이들이 천박하고 추잡한 영상과 대화들의 홍수 속에 빠져 있는 것을 보면서 얼굴을 찡그린다. 그것들은 상상력의 결핍과 천박하고 추잡한 가치들을 반영하고 있다. 심지어 축구 경기를 볼 때에도 아이들은 비아그라와 발기부전, 그리고 육감적인 성인 여성이 등장하는 광고들을 접하게 되므로 우리는 불편해진다. 겉으로는

18

아무렇지 않은 척하지만 속으로는 근심걱정이 가득하다. 지난 10년 동안 많은 심리학자들이 오늘날 남자아이들이 여러 가지 정신적인 문제를 겪고 있다는 연구를 발표했다. 초등학교와 중등학교에서 남자아이들은 여자아이들보다 훨씬 낮은 학업성적을 보이기 때문에, 교육계에서도 계속 경고의 목소리를 내고 있다. 남자아이들의 SAT(미국의 대학입학자격시험) 점수는 너무 낮고, 고등학교나 대학교의 졸업생 수도 여학생들보다 적었다. 내가 전공한 의학 분야에서도 남학생들의 의대 지원자 수가 급격히 줄었다. 미국 소아과학회(American Academy of Pediatrics)는 소아과 의사들에게 자폐증 초기진단의 중요성을 경고한다. 남자아이들 사이에서 이 증상이 증가하고 있기 때문이다. ADHD(주의력 결핍 및 과잉행동 장애)로 진단받는 남자아이들의 수도 지난 10년 동안 급격히 증가했다. ADHD가 여자아이들에게 미치는 영향은 남자아이들에게 미치는 경우와는 비할 바가 안 된다. 20년 넘게 소아과 의사로 일하면서 지난 5년만큼 학습장애, 과잉행동, 지루함, 우울증으로 어려움을 겪는 남자아이들을 많이 본 적은 없었다.

한편 사회학자들은 '양성평등주의', 편부모 가정(일반적으로 편모 가정), 놀랍도록 높은 이혼율, 직장을 잃은 아버지, 폭력조직 등이 사회에 미치는 영향과 아버지의 영향 없이 자란 소년들, 특히 흑인 남성들에게 닥치는 엄청난 위험에 대한 방대한 자료를 만들어냈다.

우리는 혹시라도 우리 자식들에게 이런 일들이 생길까 노심초사하느라 이 통계 수치의 심각성에 무감각해졌다. 우리 아들이 그렇게 되는 건 아닐까? 퇴학을 당하고 음주나 마약을 시작하는 건 아닐까? 올해 우리 아이가 심각하게 자살을 고민하는 건 아닐까?(놀랍게도 열 명 중 한 명이 그렇다는 통계결과가 나와 있다) 제발 우리 아이가 학교 복도를 지나다가

교실에서 총소리를 듣는 일은 없어야 할 텐데, 차 사고가 나지는 않을까? 그저 불량한 친구 몇 명과 맥주 몇 캔이면 10대 소년이 무모하게 운전대를 잡기에 충분하다.

나는 심리학자도, 교사도, 사회학자도 아니다. 하지만 수천 명의 소년들을 관찰하고 이들의 이야기를 들어온 소아과 의사이자 아들을 키우는 엄마이다. 아들이 자살을 한 부모들과 이야기를 나누었고, 마약과 폭력의 세계에 있던 소년들이 그 세계를 떠나 좋은 직업을 가지고 멋진 인생을 사는 모습도 보았다. 나는 여러 해 동안 좋은 시기와 나쁜 시기를 모두 보낸 수많은 아이들을 보았고, 이들을 아껴왔으며, 내가 그 아이들의 대변인이 될 수 있다고 믿는다.

소년들이 곤경에 처한 걸까? 만약 그렇다면, 지난 세대보다 더 큰 위험에 처했는가? 그렇다. 분명 그렇다. 몇몇 심리학자나 사회학자, 교육자 들의 입장과는 달리, 우리 소년들에게 해를 끼치는 문제는 다음과 같은 세 가지 주요 원인에서 비롯되었다. 첫째, 성인 남자의 부재, 특히 아버지와 돈독한 관계의 부재. 둘째, 종교 교육의 부재. 셋째, 유해한 대중매체들—멋진 삶을 이루는 열쇠가 더 많은 섹스, 돈과 명예라고 가르치는—에 대한 지나친 노출이다.

교육학자와 정치학자는 이것이 교육시스템의 문제라고 하면서 바로잡으려 하고, 사회학자는 마약과 술, 빈곤을 탓하며 더 엄격한 법, 더 나은 복지, 더 많은 취업 기회를 만들어야 한다고 주장한다. 많은 심리학자들이 그동안 우리가 남성적인 감정들을 억압해왔다고 하면서 남자아이들을 좀 더 세심하게 대하고, 이들의 분노와 다른 여러 감정들을 건설적으로 표현하는 방법을 가르쳐야 한다고 주장한다.

물론 이런 주장들은 모두 타당한 지적이지만 큰 그림을 놓치고 있다. 그들은 한 소년의 삶과 존재를 모두 합친 전체로서 한 아이를 놓치고 있다. 만약 아이가 집중력 결핍이라면 우리는 약을 처방한다. 학습장애가 있다면 과외교사를 고용해서 보충한다. 운동에 서툴다면 헬스클럽에 보낸다. 이렇게 우리는 개별적인 부분에 너무 꼼꼼하게 주의를 기울인 나머지 그 아이의 진짜 모습을 놓치고 만다.

아이에게 필요한 것은 단순히 더 많은 교육, 더 많은 약, 더 많은 돈, 더 많은 과외활동이 아니라는 사실을 직시해야 한다. 아이에게 필요한 것은 우리다. 바로 '당신'과 '나'이다. 아이들에게는 자기가 무슨 생각을 하고, 무슨 일을 하고 있는지 열심히 관찰하려는 부모가 필요하다. 아이들에게는 자신을 보듬어주고, 날카로운 눈으로 지켜줄 아버지가 필요하다.

지금 아이들이 사는 세상은 우리가 어렸을 때 살았던 세상과는 많이 다르다. 이제 아이들은 납치되지나 않을까 두려워 해질녘까지 자전거를 타고 마음껏 놀 수 없다. 소년들에게 세상은 슬픈 곳이 되었다. 그러나 한 가지 좋은 소식은 우리가 이 아이들에게 좋은 세상을 다시 선물해줄 수 있다는 것이다. 우리는 아이들에게 소년기의 즐거움을 알려줄 수 있고, 사내아이답게 지낼 자유를 줌으로써 아이들이 느끼는 부담감(심지어 좋은 대학에 가기 위해 좋은 성적을 얻는 것처럼 아이에게 이롭다고 생각되는 일에 대해서도)을 줄여줄 수 있다. 친구들끼리 모여 동네야구를 하거나, 숲 속 아지트를 발견하고 하이킹을 즐기거나, 공상을 하며 시간을 보내고, 고전 모험소설이 기다리고 있는 책장을 갖게 해주는 것이다.

험한 세상이 기다리고 있기 때문에, 당신의 아들에게는 피난처가 필요하다. 아래의 자료는 미국 소년들의 현 상태를 개관한 것이다.

교육

- 초등학교 1학년에서 5학년 사이의 남자아이들 중 21%가 학습장애 (언어장애 및 정서장애 포함)를 가진 것으로 확인된다.
- ADHD(주의력 결핍 및 과잉행동장애) 진단을 받은 남자아이들의 수는 여자아이들보다 일곱 배 더 많다. (전체 학령기 아동의 8~10%가 ADHD로 진단되고 있다.)
- 여학생들의 72%가 고등학교를 졸업하는 반면, 남학생들은 65%가 고등학교를 졸업한다.
- 흑인 남자아이들의 절반 이하(46%), 히스패닉 남자아이들의 절반 정도(52%)가 고등학교를 졸업한다.
- 대학생의 56%는 여학생이고 44%가 남학생이다.
- 대학원생의 58%는 여학생이다.

우울증

- 남자아이들의 12%는 심각하게 자살을 고민한 적이 있다.

음주

- 남자아이들의 11%는 음주운전을 한 적이 있다고 인정한다.
- 남자아이들의 27%가 과음을 한다고 인정한다. (1회에 5잔 이상)
- 남자아이들의 29%는 15세 이전에 술을 마셨다고 한다.

흡연

- 남자아이들의 31%는 담배를 피운다.

- 남자아이들의 18%는 15세 이전에 흡연을 했다고 한다.

무기 소지

- 남자아이들의 29%는 무기를 소지하고 있다고 한다. (총, 칼, 곤봉)
- 남자아이들의 10%는 무기를 학교에 가져간 경험이 있다고 한다.
- 남자아이들의 43%는 최근에 싸움을 했다.

성관계

- 백인 소년의 42%, 히스패닉 소년의 57%, 흑인 소년의 74%는 고등 학교 졸업 전부터 성관계를 가졌다.
- 남자아이들의 8%는 15세가 되기 전에 성관계를 가졌다.
- 남자아이들의 16.5%는 네 명 이상의 상대와 성관계를 가졌다.

육체적 건강

- 미국 남자아이들의 16%는 과체중이다.
- 남자아이들의 40%는 체육수업에 정기적으로 참석하지 않는다.

이런 통계자료를 보면 마음이 불편해진다. 게다가 비슷한 자료를 얼마든지 찾을 수 있다. 과거에 의사들은 두 가지 주요 성병만을 걱정했지만, 이제는 서른 가지 이상의 성병을 걱정해야 한다. 다양한 성병이 수많은 환자들에게서 발견되며, 특히 어린 환자들이 늘고 있다. 이 같은 성병의 유행은 내 진료실에서도 확인할 수 있는데, 성병은 우울증으로 이어지기도 하며(고등학생 20%가 우울증을 앓는다), 최악의 경우에는 성격까지 망가뜨려서 다양한 이상행동을 일으키기도 한다.

가장 먼저 해야 할 일은?

소년의 삶은 부모와 맺는 관계, 신과 맺는 관계, 형제자매나 가까운 친구들과 맺는 관계 등 세 가지 사항을 토대로 만들어진다.

이 세 가지 관계가 돈독한 아이라면 누구라도 학업문제, 운동경기의 성적, 유해한 대중문화, 해로운 또래집단의 압박 속에서도 잘 헤쳐 나올 수 있다. 잠시만이라도 아들이 공부를 잘하거나 운동 실력이 좋아야 한다는 생각을 버려보자. 당신의 아들을 한 명의 완전한 인간으로 생각해보라. 아이도 우리처럼 충족시켜야 하는 욕구가 있으며, 부모인 우리가 그것을 만족시켜주지 못한다면 아들의 성격과 앞날의 결정에 영향을 미칠 수 있는 역할을 누군가에게 빼앗기게 된다.

아이들은 그런 자신의 욕구를 채워주는 사람의 영향을 받는다. 아이들의 삶에서 가장 중요한 사람은 부모이다. 아들에게 당신보다 더 중요한 사람은 없다. 당신의 아들은 당신과 함께하는 시간이 더 필요하다. 함께 이야기하고 같이 놀 시간 말이다. 아이는 인터넷 사용 시간을 더 줄이고 야외활동 시간을 더 늘려야 한다. 아들은 당신의 지혜, 삶의 경험, 성숙함 등에서 얻을 수 있는 혜택이 필요하며, 그것을 원한다.

소년들에게는 부모와 맺는 돈독한 관계가 필요하다. 그뿐이다. 모든 아이는 부모와 더 나은 관계를 맺기를 원한다. 아이가 육체적으로나 정신적으로 건강한 삶을 유지하는 길은 부모에게 달려 있다.

남자아이들은 부모와 보내는 시간이 너무 적으며, 그 때문에 괴로워한다. 한 조사에 따르면 설문 대상 어린이들의 21%가 부모와 보내는 시간이 더 필요하다고 대답했다. 하지만 이 아이들의 부모에게 설문을 하자 8%만이 자녀들과 보내는 시간이 더 필요하다고 대답했다. 우리는 우리 아들에게 정말로 필요한 게 무엇인지 놓치고 있다. 그것은 단순하게도 '우리'이다. 바로 우리의 시간과 관심이다.

부모들은 아들과 함께하지 못하는 시간을 보상하려는 마음에 온갖 잘못된 물건을 선물한다. 하지만 아이들에게 필요한 것은 물건이 아니다. 아이들에게는 우리가 필요하다. 그저 부모가 곁에 있는 것만으로도 도움이 된다. 또 아이들은 우리가 삶을 어떻게 헤쳐나가는지, 어떤 식으로 말하고, 듣고, 다른 사람들을 돕고, 결정을 내리는지 보고 배워야 한다. 아들은 자기 아버지가 삶을 살아가는 방식, 생각하는 방식, 행동하는 방식을 공부한다.

아이들은 훌륭한 남자로서 행동하는 아버지의 모습을 보고, 그 행동을 따라할 수 있는 기회가 필요하다. 아이들은 일하는 남자의 모습을 봐야 하며, 또 규범을 세우는 성인 남자가 필요하다. 당신이 아이들에게 살아가는 데 필요한 규범을 정해주지 않는다면, 아이들은 아무데서나 그 규범을 얻을 것이다. 페이스북이나 유튜브, 아니면 학교의 불량한 아이들에게서 얻을 수도 있다. 아버지는 아들이 목표로 하고 따를 수 있는 모델이 되어야 한다. 아들은 아버지가 존경할 수 있는 사람이길 바라고, 아버지처럼 되고 싶어 한다. 이것은 아버지에게 많은 부담이 될 수도 있지만, 아버지가 되는 일이란 바로 그런 것이다. 하지만 겁먹을 필요는 없다. 정말로 해야 하는 일은 그저 아들 곁에 있어주는 것뿐이다. 아들과 함께 시간을 보내고, 아들이 아버지의 행동을 보고 배우도록 하면 된다.

제이슨은 열두 살이 되었을 때, 정기검진을 받으러 왔다. 부모와 건강한 관계가 아이의 건강에 중요한 역할을 한다고 확신했던 나는 제이슨을 진찰하면서 아버지와 관계에 대해 물어보았다.

"아빠는 어떠서?" 나는 제이슨의 귀를 들여다보며 물었다.

"좋아요." 열두 살짜리 소년답게 아주 간결한 대답이었다.

"아빠랑 어떤 일을 같이 하는 걸 좋아하니?"

"아무거나요. 뭐, 이것저것. 근데 아빠가 새 직업을 얻었거든요. 그래서 정말 정말 바쁘세요……." 제이슨의 목소리가 점점 작아지더니 말끝이 흐려졌다.

"저런. 아빠가 다른 일을 시작해서 제이슨이 힘들겠구나. 아빠 얼굴을 많이 못 보겠네."

"아, 아빠가 직장으로 일하러 가는 건 아니에요. 그러면 좋죠. 아빠는 집에 더 많이 있지만 일하시느라 바빠요. 하루 종일 컴퓨터 앞에 앉아 있거든요. 전 그게 싫어요. 엄마도 싫어하고요. 엄마는 불평을 많이 해요. 하지만 그러면 안 되잖아요. 아빠는 일을 해야 되니까 그런 것뿐인데……."

그때, 이 소년이 가진 멋진 지혜 속에서 놀라운 대답이 나왔다.

"미커 선생님. 예전에는 아빠랑 같이 야외에서 여러 가지 일을 많이 했거든요. 장작을 팬다든가 하는 거요. 그런데 지금은 아빠가 그런 걸 할 시간이 많이 없어요. 하지만 그래도 괜찮은 것 같아요. 계속 아빠랑 함께 있을 수 있거든요. 아빠가 노트북을 가지고 거실로 가면, 저도 따라가요. 아빠가 거기서 일할 때 저는 옆에서 숙제를 하거나 책을 읽어요. 아빠랑 같은 방에 있으면 그냥 기분이 좋거든요."

이것이 아버지가 힘든 일을 하고 있다는 것을 이해하는 열두 살짜리 소년이고, 아들을 위해 해줄 수 있는 최고의 일 중 하나가 일하는 동안 옆에 있도록 해주는 일이라는 걸 아는 아버지의 모습이다. 제이슨은 필요한 것을 얻었다. 바로 아버지와 함께 있는 시간 말이다. 제이슨은 아버지 옆에서 공부를 할 수 있었고, 어떤 면에서 이들은 한 팀이었다.

밤마다 아버지 옆에서 숙제를 하는 것이 제이슨을 더 성실한 학생으로 만들었을 거라고 나는 확신한다. 아버지가 일을 잠시 제쳐두고 제이슨이 숙제하는 것을 도와주거나 마당에서 농구연습을 했다면 함께한 시간이 더 의미 있고, 풍요로왔을까? 그럴지도 모른다. 하지만 제이슨의 아버지에게는 선택의 여지가 없었다. 농구시합이 더 재미있기는 하겠지만, 중요한 것은 제이슨이 아버지와 함께한다는 것이다.

아들이 10대가 될 때쯤이면 많은 부모들은 아들과 함께 시간을 보내는 것에 겁을 먹거나, 그 시간이 어때야 한다는 비현실적인 기대를 갖는다. 그 결과 부모들은 아이들이 엄마나 아빠와 더 이상 함께하려 하지 않을 거라고 지레짐작하고, 심지어 아이들을 피하기까지 한다. 이런 실수는 하지 말자. 10대 아들은 여덟 살 때보다 지금 당신이 더 필요하다. 그저 당신이 그 사실을 모르길 바라는 것뿐이다.

아들과 함께하는 시간을 아들의 취향이나 친구들을 비판하는 '설교시간'으로 채워서 망치지 않는 것도 중요하다. 그런 시간은 대부분 좌절감만 남길 뿐이다. 마찬가지로 아들과 보내는 시간이 언제나 재미있고 즐거워야 하다는 생각도 위험하다. 이혼을 한 아버지들이 종종 이런 덫에 잘 빠지는데, 아들과 긍정적인 기억을 만들고자 지나치게 애쓰다가, 뭔가 잘못되기라도 하거나 갈등이 생기면 하늘이 무너지는 것처럼 느낀다. 하지만 그렇지 않다. 즐거운 시간뿐만 아니라 괴로운 시간들을 통해서도 돈독한 관계를 만들 수 있다. 부모는 굴하지 않고 그 시간을 견뎌야 한다. 갈등 속에서 아들과 함께하라. 다툼을 해결하고, 그 일을 뒤로하고 앞으로 나아가 아들과 더 즐거운 시간을 많이 만들어가라.

매우 간단하다. 그 시간이 긴장과 언쟁으로 가득 차 있든, 웃음으로 가득하든, 정적이 흐르든 간에 아들과 더 많은 시간을 보내기로 굳게 결심하라. 이 모든 시간들이 중요하다. 아이에게 어머니나 아버지와 함께하는 시간만큼 더 중요한 것은 없다. 아이에게 당신은 무엇으로도 대체될 수 없다.

아들이 당신에게 바라는 것은 물건을 사주거나, 운동교습을 시켜주거나, 더 많이 일해서 더 좋은 집으로 이사하는 것이 아니다(그런 것들을 원한다고 아이가 말할지도 모르지만, 실제로 아이에게 필요한 것은 그게 아니다). 당신의 아들은 당신이 자신을 보고 자랑스러워서 미소 짓는 걸 보고 싶어 한다. 그리고 당신이 삶에 닥친 문제들을 어떻게 해결하는지, 스트레스나 좌절감을 어떻게 다루는지 보고 싶어 한다. 하지만 무엇보다도 자신이 당신을 필요로 할 때 곁에 있어줄 거라는 사실을 알고 싶어 한다. 일단 그것을 확인하면 아이의 세계는 중심이 굳건히 바로 서게 되고, 아이는 안전하다고 느낄 것이다. 그런 안정감을 심어주면 아이는 아무 걱정 없이 학업에 열중하고, 피아노 수업에도 집중하고, 모든 일을 마음껏 즐길 수 있을 것이다.

한편 아이는 부모로부터 신에 대한 가르침을 얻길 원한다. 종교적으로 독실한 아이들이 학교에서 더 뛰어난 성적을 보이고, 위험한 행동을 할 가능성이 적으며, 새로운 환경에 쉽게 적응하고, 더 행복해한다는 것은 명백한 사실이다. 많은 연구들이 종교가 아이들에게 미치는 영향에 대해 다음과 같은 결과를 지속적으로 보여주고 있다.

종교는:
- 아이들이 마약에 손대지 않도록 도와준다.

- 아이들이 성적인 행위를 하지 않도록 도와준다.
- 아이들이 담배를 피우지 않도록 도와준다.
- 아이들에게 도덕적 지침을 준다.
- 아이들에게 매우 높은 자존감과 더욱 긍정적인 태도를 갖게 한다.
- 아동기에서 청소년기로 넘어가면서 길러지는 성숙도에 기여한다.
- 아이들이 스스로 경계를 정하고 문제를 일으키지 않도록 도움을 준다.
- 행복하고 좋은 기분을 느끼는 데 도움을 준다.
- 우울증에 빠지는 일을 줄여준다.
- 문젯거리와 어려움을 헤쳐 나가는 데 도움이 된다.
- 10대들이 자신의 신체와 외모에 자신감을 갖는 데 도움을 준다.
- 리더십, 문제대처능력, 문화자본(지배문화와 관련된 언어규칙, 지식, 상징적 의미체계, 사고나 행동 유형, 심미적 취향, 성향—옮긴이)을 학습할 기회를 주고, 그 능숙도를 높이는 것을 도와준다.

어떤 부모들은 종교와 관련한 이야기를 불편하게 여긴다. 하지만 종교적 신념과 활동은 자녀를 보호할 수 있는 최고의 방패 중 하나이다. 종교는 많은 사람들에게 중요한 의미를 주며, 남자아이에게도 신은 중요한 존재이다. 종교는 아이가 기댈 수 있는 궁극적인 권위이자 정신적 지주 역할을 하며, 삶의 목적을 알려준다. 또한 신에 대한 믿음은 자신감을 키워주고, 우울증을 막아주는 강력한 역할을 하며, 도덕적인 지침을 제공한다. 도덕체계를 형성하는 것은 남자아이들에게 매우 중요한 일이다.

한 가지가 더 있다. 부모로서 당신은 형제 간의 경쟁을 최소화시키고 안정적인 가정을 유지해야 한다. 모든 사내아이들은 형제자매와 다툰다. 보통의 형제 간 경쟁은 커가는 과정의 일부이며, 성격을 강인하게 만드는 데 도움이 된다. 하지만 이 경쟁이 사내아이에게 도움이 될지 독이 될지는 부모가 경쟁을 어떻게 다루는지에 따라 크게 달라진다. 엄마나 아빠가 아이들의 경쟁에 일반적인 방식으로 대처하는 것은 괜찮다. 하지만 형제 사이의 경쟁을 부추기거나, 동생이 형이나 누나에게 지속적으로 괴롭힘을 당하는 것을 보고도 무시한다면 그 결과는 참혹할 것이다.

아이들이 부모의 마음을 사기 위한 경쟁을 해서는 안 된다. 당신을 붙들고 있는 아이의 손이 불안해서는 안 된다. 만약 그렇다면, 아이는 학교생활을 즐기지 못하고, 놀이 시간을 괴로워할 것이다. 성격도 점점 불안정해지고 쉽게 상처받게 될 것이다.

남자아이들은 가족 구성원들 사이에서 건강한 관계를 맺는 법을 찾아나가야 한다. 이런 경험은 아이가 미래에 형성하게 될 인간관계에 대한 기본 원칙을 세워준다. 가족에게 거부당한다고 느끼는 소년들은 다른 사람들도 자신을 거부할 거라고 생각한다. 반면 서로 신뢰와 존중을 느끼는 가정에서 자연스럽게 가족의 일원으로 느끼며 자란 아이들은 자신감이 넘치는 청년이 될 것이다.

유치원에서부터 고등학교에 이르는 소년기에 가장 중요한 것은 부모와 건강한 관계를 유지하고, 신에 대한 믿음을 갖고, 든든한 가족을 갖는 것이다. 아들이 행복한 소년기를 보내고 진정한 남자가 될 수 있도록 해주고 싶다면 반드시 필요한 것이다. 이는 아이의 삶을 받치는 기본 토대가 될 것이다.

제2장

또래에게 받는
압박감에 맞서기

부모들은 아들의 행동을 쉽게 친구들 탓으로 돌린
다. 아들이 초등학교에 들어가는 순간부터 부모들은 자식이 나쁜 친구
들의 영향을 받을까 봐 안달한다. 하지만 소년의 삶에 또래의 행동보다
훨씬 더 중요하게 영향을 미치는 압력은 자기 부모가 다른 부모들로부
터 경험하는 압력이다.

친구의 아들이 학교 농구 대표팀에 들어간 것을 보고 자기 아들에게
연습을 더 하라고 잔소리한 아버지는 얼마나 많으며, 또래 아이들이 모
두 한다는 이유로 아들을 태권도 수업에 보내고, 피아노 레슨을 시킨 어
머니는 또 얼마나 많은가? 부모인 우리들은 모두 그런 경험이 있다.

자녀교육에 몰두하는 부모들은 아이들에게 무엇을 더 해줘야 하는지
끊임없이 생각하느라 마음이 어지럽다. 하지만 그것은 완전히 잘못된 방
식이다. 부모들이 뭔가를 해주거나 사주는 것은 사실 그다지 중요하지
않다. 그보다는 아이들 곁에 있는 것이 훨씬 중요한 일이다. 사실 일반

적으로는 아이의 과외활동 수를 줄이고 덜 초초해해야 한다.

아들을 위해서 당신이 하는 일들과 그 이유를 꼼꼼히 비판적으로 살펴보라. 얼마나 많은 스포츠 활동에 아이가 참여하고 있는가? 아이가 그것들을 즐기는가? 아니면 그저 아들이 '충분히 다양한' 과외활동을 하지 않는다는 당신의 불안함을 달래기 위한 것은 아닌가?

어른들 사이의 피어 프레셔(또래 집단의 압력)는 주로 학업, 스포츠, 예술 분야에서 아들에게 잔소리를 하게 한다. 만약 폴의 아들이 반에서 10% 안에 든다면, 우리 아들은 5% 안에 들어야 한다. 짐의 아들이 콘서트를 할 정도로 피아노를 잘 친다면, 우리 아들의 피아노 레슨 시간을 늘려서 따라잡아야 한다.

내 경험으로 봤을 때, 아이들에게 관심을 쏟는 부모들의 대부분은 본능적으로 자신의 아들에게 무엇이 좋고 나쁜지 알고 있다. 하지만 문제는 우리가 이런 직감을 무시하고, 자기 아들이 남들보다 뛰어나도록 경쟁에 밀어붙이는 부모들의 대열에 합류한다는 것이다. 그 열차에서 뛰어내려라.

당신의 아들이 스물일곱 살이 되었을 때 어떤 모습이길 바라는지 잘 생각해보라. 그리고 그런 자질을 키울 수 있는 일에 집중하자. 아이가 인성은 별로여도 성공한 프로야구 선수가 되기를 정말로 원하는가? 아니면 인성이 우선이 되길 원하는가?

일단 아들에 대한 동기와 목표를 확실히 세우고 나면, 올바른 길로 이끄는 부모의 역할에 반쯤은 다가선 것이다. 부모들 사이의 피어 프레셔는 매우 심각하다. 게다가 부유한 부모들은 과도한 과외교습이나 선물을 주는 것을 자제하기가 무척이나 힘이 든다. 유혹을 이겨내자. 무엇보다도 당신 아들에게 필요한 것은 당신이고, 과외활동에 매달려 당신과 떨어져 있게 되는 것은 오히려 역효과를 낸다는 사실을 기억하라.

사랑과 훈육은 5:1의 비율로

아들이 말을 듣지 않고 버릇없게 군다고 한탄하는 부모들이 많다. 야단을 치면 오히려 무시하기 일쑤이고 아이들은 좀처럼 마음을 열지 않는다. 남자아이들을 훈육하는 비밀이 하나 있다. "사내아이들은 아버지가 원하는 일은 무엇이든지 다 하려고 한다." 다섯 살짜리라도 남자아이들은 누구나 사랑받고, 받아들여지고, 인정받기를 원한다. 부모가 할 일은 아들의 이런 욕구를 이해하고, 충족시키는 것이다. 하지만 대부분의 부모들은 도중에 지쳐버리기 때문에, 쉽지 않은 일이다. 게다가 아이들이 10대가 되면 집에 있는 시간이 거의 없으며, 우리는 아이들에게 말을 전하려면 힘주어서 빨리 말해야 할 것만 같은 압박을 느낀다.

간단히 말해서 우리는 아이들에게 너무 성급하게, 또 너무 자주 이야기(혹은 설교)하기 때문에 실패한다. 어떤 아이도 들을 준비가 되지 않았을 때 설교를 늘어놓는 부모의 말은 귀 기울이지 않는다. 또한 계속해서 꾸중을 듣고, 방해받는다고 느낀다면 아버지의 충고 따위는 더 이상 듣고 싶지 않을 것이다. 사실 대부분의 남자아이들은 부모가 무엇을 좋아하고 싫어하는지, 어떤 것을 원하고, 자신에게 바라는 것은 무엇인지 잘 알고 있다. 10대를 다룰 때, 말하는 것보다 들어주는 것이 더 중요한 이유가 바로 여기에 있다.

'어린이에게는 꾸중을 한 번 할 때마다 칭찬 일곱 번이 따라와야 한다'라는 속담이 있다. 10대가 되어도 아들과 시간을 보낼 때는 부정적인 시간(비난이나 지적)보다 긍정적인 시간(아이의 말 들어주기)을 일곱 배 더 많이 가지는 것이 중요하다.

사내아이들은 자신이 존경하고 경외하고 두려워하는(건전한 의미에서) 사람들(부모)의 말을 듣는다. 자신을 비난하거나 조롱하고 밀어붙이기만 하는 어른들의 말은 거부한다. 만약 당신이 아들을 야단치고 잔소리를 늘어놓는 부모라면 거기서 멈추고 한 달 동안만이라도 자제해보자. 당신은 에너지를 낭비하고 있으며 아들을 좌절시키고 스스로에게도 해를 입히고 있다. 당신이 아들과 대화하는 방법은 당신의 부모님이 어린 당신과 대화하던 방법과 똑같을 가능성이 크다. 부모들은 자신이 생각하는 대로 행동하는 것이 아니라, 자신에게 익숙한 대로 행동한다.

어느 날 열일곱 살 소년 링컨과 그의 아버지 브렌트가 진료실에 찾아왔다. 브렌트는 아들의 행동이 걱정되었다. 링컨은 아버지에게 버릇없이 말대답을 했고, 한밤중에 집을 빠져나갔으며 잠깐 마약에 손을 대기도 했다. 학교 성적은 곤두박질치고 있었다. 아버지가 궁금했던 것은 '이 녀석'(그는 아들을 이렇게 불렀다)의 행동이 자신과 관계가 있는지였다.

처음 10분 동안은 브렌트가 이야기하는 것을 들어주었다. 그는 분명 쏟아낼 필요가 있었다.

"전 정말 이해가 안 돼요. 이 녀석에게 저는 모든 걸 다 해줬어요. 운전교습도 받게 하고, 하키도 칠 수 있게 해주었죠. 사립학교에도 보냈습니다. 그런데 이 녀석은 적극적으로 열심히 하는 일이 없어요. 불량한 녀석들이랑 어울려 다니고, 거짓말까지 한다고요. 전 어릴 때 아버지께 거짓말을 한 적이 한 번도 없었어요. 저라면 훨씬 더 공손했을 겁니다."

이번엔 링컨 차례였다. 링컨은 주저했고 말이 없었다. 링컨이 말을 시작하자 아버지는 링컨을 쳐다보지도 않고 넌더리가 난다는 듯한 표정을 지었다.

"아버지는, 그냥 이해를 못 해요. 그러니까, 전 나쁜 아이가 아니라고요. 하지만 아버지는 제게 기회를 안 줘요. 절 절대 믿어주지 않아요……."

그때 아버지가 끼어들었다. "내가 왜 그래야 되는데? 네가 하는 모든 것들이 거짓인데!"

나는 그에게 멈추도록 했다.

"보셨죠? 아버지는 저를 미워해요. 늘 나무라기만 해요. 제가 하는 일은 뭐든 다 잘못되었다고 해요. 아버지한테 전 늘 부족하죠. 전 후보 골키퍼인데 아버지는 절 주전 골키퍼로 만들려고 코치랑 싸우기까지 했어요. 얼마나 창피한지 아시겠어요?" 링컨이 잠시 말을 멈췄다.

나는 아버지를 향해 손을 내밀면서 아이의 말을 끊지 않게 했다.

"아버지에게 원하는 게 뭐니?" 내가 물었다.

링컨은 고개를 숙인 채 잠시 아무 말도 하지 않았다. 그리고 "아무것도 없어요. 그냥 내버려뒀으면 좋겠어요." 라고 중얼거렸다.

브렌트의 얼굴이 잿빛으로 변했다. 내가 물었다.

"브렌트 씨는 아버지와 어떻게 대화했나요?"

"제 아버지요? 우리 아버지는 자식한테 이런 말도 안 되는 말을 듣지는 않았죠. 이 녀석이 나한테 하는 것처럼요."

"그게 아니라, 아버지가 당신에게 어떤 식으로 말을 했나요?"

그의 눈이 갑자기 둥그레졌다. 겁에 질린 듯한 표정으로 그는 나를 바라보았다. 방 안의 분위기가 바뀌었다. 왠지 부드러워졌다. 링컨은 고개를 들어 아버지의 반응을 지켜봤다. 갑자기 아버지의 이야기에 흥미가 생긴 것 같았다.

"사실, 아주 안 좋았어요. 아주 안 좋았죠. 아버지는 끊임없이 저를 꾸중했지요. 제가 더 거칠고 강해지길 바랐고, 늘 잔소리를 했어요. 제 결점을 지적하면 더 나아질 거라고 생각하는 것 같았지만 그건 효과가 없었죠. 오히려 제 의욕을 꺾어버렸어요."

링컨의 얼굴에 놀라움과 슬픔이 번졌다. 이야기하는 동안, 브렌트는 아버지가 자신에게 했던 그대로 아들인 링컨에게 하고 있다는 사실이 확연히 드러났다. 브렌트는 자신의 잘못을 깨닫고 아들에게 사과했다.

링컨이 거짓말을 하고 마약에 손을 대고, 성적이 곤두박질친 것이 모두 아버지 탓일까? 아니다. 하지만 그가 링컨을 끊임없이 비난한 것은 관계를 소원하게 만들었고, 아버지의 말에 흥미를 잃고 다른 곳(마약이나 나쁜 친구들)에서 위안을 찾게 만들었다. 링컨을 망치는 데 일조한 것은 분명했다. 브렌트는 자신이 어땠는지 깨달은 뒤, 두 가지 엄청난 변화를 꾀했다. 그는 죄책감 속에서 방황하는 대신 자신을 바꾸려고 했다. 자신의 분노와 반사적으로 튀어나오는 반응을 확인했다. 자신이 말하기 전에 아들의 말을 들으려고 애썼고, 또 더 많이 들으려고 노력했다. 말을 할 때면 비난보다는 현명한 충고를 제시했다. 또한 링컨과 더 많은 시간을 보내는 데 전력을 다했고, 설교를 늘어놓는 일은 의도적으로 피했다. 대신에 좋아하는 일들을 함께 하며 시간을 보내려고 노력했다. 그들은 캠핑을 하고, 낚시를 가고, 종종 스키를 타거나 스노우슈(snowshoe, 눈 위를 걸을 때 신는 신-옮긴이)를 신고 하이킹을 했다. 많은 시간은 아니었지만, 그들은 재미있는 시간을 보냈다. 1년쯤 뒤, 링컨은 내게 아버지와 함께 시간을 보내려고 하키 연습을 몇 번 빠지기도 했다고 말했다. 정말 반가운 소식은 링컨이 거짓말을 그만두었다는 것이다. 밤중에 집을 몰래 빠져나가는 일도 그만두었다. 링컨은 나아지려고 노력했다.

　모든 소년은 부모로부터 시간, 관심, 애정, 인정을 듬뿍 받고 싶어 한
다. 아들과 부모 간에 일어나는 상호작용의 큰 부분이 이 네 가지를 중
심으로 이뤄진다면, 아이의 행동을 바로잡거나 교육하는 것이 자연스럽
게 이뤄질 것이다. 사랑과 교육이 적절하게 균형을 이루지 못한다면 소
년들은 길을 잃고 말 것이다.

아들을 누군가의 쓰레기장으로 만들지 마라

소년들은 재미있는 것을 좋아하고 즐거움을 추구하고 모험을 즐긴다.
소년들은 장난과 흥분되는 일을 기꺼이 받아들인다. 재미있는 일을 하
려는 아이들의 성향을 알기 때문에 미국의 부모들은 사내아이들이 마음
껏 즐기게 내버려둔다. 부모는 아이가 행복하기를 바랄 뿐이다. 아들을
둔 부모에게 아들의 미래에 무엇을 바라느냐고 물어보라. 대부분의 부
모가 그저 아들이 행복하길 바란다고 대답할 것이다.
　하지만 행복만으로 충분한 것일까?

　우리는 아이들의 행복을 위해 많은 것들을 제공한다. 장난감, 옷, 돈,
오락거리 등을 주면서 우리는 주는 것보다 받는 것이 더 좋다는 메시지
를 아이들에게 무심코 가르치고 있다. 하지만 우리는 물질적인 것에서
얻는 행복은 잠시뿐이며, 더욱 더 많은 것을 원하게 만든다는 사실을 잊
어버린다. 100달러짜리 농구화를 얻는 소년들은 금세 120달러짜리 농구

화를 갖고 싶어 한다. 더 많이 얻을수록 더 많이 가지고 싶어 한다. 소유하는 일에 집착하게 되는 것이다. 부모는 아이에게 신발이 이미 충분히 많다는 걸 알고 있다. 하지만 아들의 일이라면 눈 뜬 장님이 되어버린다. 아이는 이번에 사준 위(Wii) 게임기, 축구 유니폼, 스케이트보드 덕분에 즐거워할 것이다.

하지만 조심해야 한다. 재미를 즐기는 일은 문제될 것이 없지만, 어떤 식으로 즐거움을 찾는가는 문제가 된다. 노트북 컴퓨터는 아들이 공부하는 데 도움이 되지만 아이의 방으로 포르노를 가져오기도 한다.

많은 소년들이 자신의 방에 텔레비전을 놓아달라고 조른다. 10대들은 자신만의 공간, 프라이버시를 원하며 자신이 볼 것을 결정하고 싶어 한다. 아이가 자기 방에서 축구경기를 보는 것이 문제인가? 물론 아니다. 하지만 아이의 방으로 중계되는 것은 풋볼 경기만이 아니다. TV에 나오는 저속하고 야한 광고를 보지 않을 수 있을까? 10대 아이들은 하나같이 텔레비전이 자신의 생각에 미치는 영향이 없다고 주장하지만, 그런 말에 속지 마라. 텔레비전은 무신경한 광고주들과 대중문화를 파는 사람들이, 자신들이 만든 쓰레기를 버리는 장소이다. 그들은 당신 아들이 거기에서 구미에 맞는 것을 찾아내길 기다리고 있다.

텔레비전, 컴퓨터, 휴대폰 사용에 대해 우리는 부지런하고 까다로운 여과장치가 되어야 한다. 기본 원칙을 정할 필요가 있다. 우선 텔레비전과 컴퓨터를 아이의 방에서 없애라. 이것들은 가족 공용으로 사용되는 쪽이 더 안전하다. 아들에게 영향을 끼치는 것들 중에는 부모가 막을 수 없는 것도 많지만 집 안에 들어오는 것은 분명 당신이 막을 수 있다.

기억하라. 대중매체에서 쏟아지는 모욕적인 대화들, 10대처럼 보이는 사람들의 성적 행위에 더 많이 노출되는 것이 아들을 더 행복하게 만들어주지는 않는다. 착한 사람이 되는 데에도 절대 도움이 되지 않는다.

텔레비전, 게임, 운동화 등을 지나치게 풍족하게 주지 않는 것이 아들을 더 행복하고 더 나은 사람으로 만드는 데 도움을 준다. 너무 많이 주는 것은 소년들에게 해롭다. 아이에게 더 많이 필요한 것은 당신뿐이다.

당신은 아이의 적이 아니다

많은 사람들의 생각과는 달리, 연령대와 상관없이 남자아이들이 부모에게 반항하는 것은 자연스러운 일이 아니다. '부모에게 반항하는 남자아이' 현상의 대부분은 대중매체가 몇몇 심리학자들의 도움을 받아서 만들어낸 것이다. 안타깝게도 많은 부모들이 아들이 처음 말대꾸를 하거나, 으르렁거리거나, 부모를 거부할 때까지 그저 노심초사하고 있다.

여덟 살이든 열여덟 살이든 남자아이가 부모를 미워하고 불쾌한 행동이나 반항을 하는 것이 자연스럽거나 건강한 일은 아니다.

이런 문제의 일부는 대중문화에서 기인한다. 바보 같은 아버지와 무례한 아들의 등장은 시트콤의 공식이 되어버렸고, 대중문화산업의 모든 분야(대중가요를 포함하여)는 10대 아이들이 부모에게 반항하도록 선동하는 데 온힘을 쏟고 있다. 전통적인 가치는 대중문화 속에서 조롱받는다.

부모들은 이런 면에서 대중문화가 적이라는 사실을 인지해야 한다. 대중문화는 아이들에게 닿으려고 서로 경쟁하고 있으며 그것을 물리치는 일은 전적으로 우리에게 달려 있다. 아들의 눈에는 당신이 거대해 보인다는 사실을 잊지 마라. 많은 통계 결과가 말해주듯 아들의 삶에서 아버지만큼 중요한 사람은 없으며, 아들이 음주나 마약, 섹스에 관해 결정을 내릴 때 아버지만큼 영향력 있는 사람은 없다. 당신의 권위를 던져버리지 마라. 아들이 바랄지도 모르는 멍청하고 친구 같은 아버지가 되지 말자. 사실 그것은 아들이 원하는 모습이 아니다. 일단 선을 넘어버리면 되돌아오기가 힘들다. 모든 사내아이들은 아버지를 우러러보고 싶어 한다.

어린아이들, 심지어 걸음마를 시작한 꼬마들이 부모에게 버릇없이 말하는 것—초등학교 3학년생이 아빠에게 소리를 지른다든지—을 보고 깜짝 놀랐던 경험이 있을 것이다. 그런 경우 아이의 아버지는 어떻게 행동했는가? 어깨를 으쓱하거나 그냥 넘어갔는가? 그랬을 가능성이 크다. 만약 그랬다면 부모와 자식 사이의 올바른 행동에 대한 우리의 인식이 변화했기 때문일 것이다. 대중매체가 너무나 오랫동안 일탈적인 행동을 정상적인 것처럼 보여줬기 때문에 우리는 그런 행동을 그냥 받아들이고 살게 되었다. 하지만 그래서는 안 된다. 우리는 아이가 쓰레기 같은 매체에 노출되는 것을 제한해야 할 뿐만 아니라, 부모가 자신의 적이 아니라 동지라는 사실을 아들이 늘 잊지 않도록 해야 한다. 대중음악가, 극작가, 영화제작자들은 슬금슬금 10대 소년들에게 다가와서는 자신들, 즉 대중문화를 파는 사람들이 부모보다 아이들의 생각과 느낌을 더 잘 이해한다고 말한다. 그러고는 아이들이 살 만한 CD나 DVD를 내민다.

이것은 자연스러운 일이 아니라는 것을 알아야 한다. 당신의 아들도 대중문화를 받아들이기는 하지만 이것이 자연스럽지 못하다는 것을 알고 있다. 마음 깊은 곳에서는 당신의 아들도 삶이 이런 식이어서는 안 된다는 것을 알고 있다. 아이는 이 세상 누구보다도 어머니가 자신을 가장 걱정해주는 사람이라는 것을 알고 있다. 그리고 아버지의 모습이 진정한 남자의 모습이며 자신은 강한 정신력과 바른 인품을 가진 청년이 되어야 한다는 사실도 알고 있다.

　우리 아들을 제자리로 돌려놓자. 우리 아들들은 부모가 자신을 지지하고 미덕을 가진 남자로 성장할 수 있도록 응원해주길 기다리고 있다.

제3장

——

황소개구리와 경주용 자동차

　　"우리 남편은 정말 이해불가예요." 애니가 고개를
저으면서 불쑥 내뱉었다. 격분하면서도 기막히다는 목소리였다. "남자들
과 숲이 대체 무슨 관계가 있는지 도통 이해할 수가 없어요. 스탠은 숲
에서 나오질 않아요. 집에 들어와 10분 정도 있다가 다시 숲으로 돌아가
버려요. 여름에는 강 상류에 작은 보트를 띄워놓고 몇 시간이고 떠다니
다가 결국 물고기 한 마리가 미끼를 한 입 먹고 가는 걸 보고 오죠. 겨울
에는 몇 시간이고 눈 덮인 숲 속을 돌아다녀요."

　순간 그녀는 뭔가 깨달았다는 듯이 소리쳤다. "바로 그거예요! 물이
요. 스탠은 물과 어떤 본능적인 교감을 가지고 있는 거예요. 흐르는 물
이든 얼어 있는 물이든. 스탠은 물 위에 있고, 물 안에 있고, 물 주위에
있는 걸 사랑하는 거죠. 어쩌면 전생에 고래였을지도 몰라요."

　애니는 남편이 호수나 숲으로 사라지는 일에 절망했고, 남편이 매료
된 대상을 제대로 이해하지 못했기 때문에 그 절망감은 더욱 커졌다. 어

떤 충동이 그를 밖으로 끌어당기는 걸까?

하지만 많은 남성들이 이런 야생의 부름에 본능적으로 반응한다. 그것은 종종 괴상해 보이기도 한다.

야생에 매료되는 남자들

열일곱 살의 일라이는 반항적이라기보다는 조금 이상했다. 캠프에서 친구들과 6주간의 카누 여행에서 막 돌아왔을 때였다. 일라이는 집 안에서 자는 건 여자애들이나 하는 짓이라는 결론을 내렸다. 침대, 베개, 카펫이 깔린 침실 따위가 왜 필요하단 말인가? 별이 빛나는 하늘 아래에서 신선한 공기를 마시며 잠드는 것이 훨씬 좋을 텐데……

그래서 일라이는 가족들에게 더 이상 방에서 자지 않겠다고 선언했다. 뒷마당의 좁은 잔디밭에 자신을 위한 공간을 만들 계획이었다.

일라이의 엄마는 그건 말도 안 되는 생각이며, 밤새 밖에서 지내는 건 위험하다고 말했다. 그러자 일라이는 대안을 생각해냈다. 여동생 방의 창문 아래에 발코니가 있었는데, 그곳을 지붕 없는 텐트로 삼을 수 있겠다고 생각한 것이다. 그곳에서는 마치 캠핑을 하는 것처럼 야외이면서 사람들 눈에 띄지도 않게 잘 수 있었다. 더 좋은 것은 엄마한테 말할 필요도 없다는 점이었다. 발코니는 집의 일부니까, 엄밀히 말해서 집 안에서 자는 것이나 마찬가지였다.

잘 시간이 되자 일라이는 침낭과 손전등을 준비하고 동생이 잠들자 살금살금 동생 방을 가로질러서 조심스럽게 창문을 열고 작은 발코니로 빠져나갔다. 발코니 바닥이 나무로 되어 있어서 조심스럽게 움직여야 했다.

일라이는 아래로 자갈이 깔린 개울이 내려다보이는 높은 절벽 위에 있다고 상상했고, 자유로움을 느꼈다. 침낭의 지퍼를 열고 몸을 안으로 넣은 다음 침낭 윗부분의 끈을 조였다. 침낭 속에서 일라이는 안전했다. 누에고치처럼 몸을 숨긴 일라이는 밤하늘의 별, 나뭇가지, 칠흑 같은 어둠 속에 홀로 있었다. 정말 멋진 기분이 들었다.

다음 날 아침 일라이를 깨우려고 방문을 연 엄마는 소리를 질렀다. 침대는 정리되어 있었고 방이 너무나도 깨끗했기 때문에, 그녀는 일라이가 가출했다고 생각했다. 어쩌면 거실 소파에서 잠이 들었을지도 몰라. 그러나 없었다. 일라이는 1층 어디에서도 보이지 않았다.

엄마는 경찰에 신고하려고 했다. 여동생이 학교에 갈 준비를 하려고 자기 방에 들어갔을 때, 일라이는 창문 밖에서 문을 열어달라고 창을 두드리고 있었다. 일라이는 엄마를 진정시킨 다음 계속 발코니에서 잘 수 있게 해달라고 설득했다. 자신은 안전할 것이고 게다가 아무도 발코니 난간 뒤에 있는 자신을 보지 못할 거라고 안심시켰다. 이후 두 달간 일라이는 그 작은 발코니에서 자기로 했고, 사실 여동생도 좋아하는 것 같았다. 자신이 거기서 자면 여동생도 더 안전하다고 느끼는 거라고 생각했다. 자신은 동생을 지키는 보디가드였다.

10월 말이 되자 일라이의 엄마는 집 외벽을 할로윈 장식으로 꾸몄다. 일라이도 발코니를 호박으로 장식하느라 작은 호박 몇 개를 발코니 난간 위에 올려놓았다.

할로윈이 되기 며칠 전이었다. 일라이는 발코니로 나가서 잘 준비를 했다. 이제는 공기가 차가워져서 입김이 나올 정도였다. 일라이는 재빨리 침낭 속으로 기어 들어가서 침낭 덮개를 머리위로 올리고 단단히 지퍼를

올렸다. 제법 차가운 밤공기에 익숙해졌기 때문에 이내 잠이 들었다.

이른 새벽, 아직 깜깜한 시간에 이상한 소리가 들려 잠이 깼다. 뭔가 긁는 소리와 희미한 신음소리가 들렸다. 누군가가 근처에 있었지만 보이지는 않았다. 심장이 쿵쾅거렸다. 침입자에게 자신의 입김이 보이지 않도록 침낭 안으로 숨을 쉬었다. 다시 한 번 끙끙거리는 소리와 살짝 부딪히는 소리가 들렸다. 누군가가 일라이가 있는 발코니 바로 아래에 있었다. 그 소리는 점점 커졌다. 일라이는 집 안으로 들어가고 싶었지만 침낭의 지퍼를 열 엄두가 나지 않았다.

일라이는 가능한 한 조용히 누워 있었다. 무언가가 자신의 머리 높이 쯤에서 움직이는 것이 느껴졌다. 곁눈질해서 보니 아래에서 손이 올라와 발코니 난간을 잡는 것이 보였다. 자신을 잡으러 오는 게 분명했다.

어떻게 해야 할지 생각하기도 전에 일라이는 침낭 안에 있는 채로 벌떡 일어났다. 머리는 침낭의 덮개로 덮여 있었다. 난간으로 몸을 돌리자 어둠 속에서 한 남자와 마주보게 되었다. 일라이는 소리를 질렀고, 침입자도 얼굴 없는 검은 미라가 똑바로 서 있는 것을 보고 놀라 소리를 질렀다.

몇 분처럼 느껴지는 몇 초 동안 두 사람은 서로를 바라보며 소리를 질렀다. 침입자는 훔치려고 했던 호박을 떨어뜨리고 발코니 아래로 떨어졌다. 쿵 하는 소리와 함께 나뭇가지들이 꺾이는 소리가 들렸다. 일라이는 머리를 덮은 침낭을 젖히고 몸을 굴려서 난간 가장자리로 갔다. 도둑이 아래 풀숲에서 몸을 확 일으켜 세우는 것이 보였다. 그는 자전거(뒷좌석에는 신문 뭉치가 실려 있었다)에 뛰어 올라 그대로 도망가버렸다.

그날 학교에서 일라이는 제일 친한 친구에게 발코니에서 호박을 훔치려던 도둑에 대해 이야기하면서, 그놈을 잡기만 하면 작살을 내주겠다고 엄포를 놓았다.

수업시작 종이 울렸고 친구들이 교실로 들어왔다. 일라이는 핑키(2학년 때 분홍색 셔츠를 자주 입어서 붙여진 별명이었다) 와츠가 뭔가 이상하다는 걸 발견했다. 핑키는 풀이 죽어 있었고, 오른쪽 팔에 깁스를 한 것이 보였다. 일라이는 핑키의 책상으로 달려가서 불쑥 내뱉었다. "핑키, 팔은 어쩌다 부러진 거냐, 응?"

"오늘 아침에 학교 오는 길에 자전거에서 떨어졌어." 핑키의 대답은 미리 연습한 것처럼 반사적으로 튀어나왔다.

"그러셨겠지." 일라이는 쏘아붙였다. 핑키를 조롱하고, 그가 거짓말을 한다고 밝히고 싶었지만, 뭔가가 일라이를 멈추게 했다. 일라이는 핑키가 이미 졌다는 걸 알았다. 핑키는 팔이 부러졌다. 일라이는 핑키가 충분히 모욕을 당했다는 것을 깨달았다. 핑키는 일라이가 알고 있다는 걸 알았고, 눈빛으로 일라이에게 말하지 말아달라고 애원했다. 문득 안됐다는 생각이 들었고, 핑키가 불쌍해 보였다. 그는 둘 사이의 비밀을 지켜줄 거라는 의미로 고개를 끄덕였다.

일라이는 대학과 대학원 시절 여름의 대부분을 와이오밍 산에 있는 야생체험학교에서 조교로 일하며 보냈다. 결혼식 날 아침에 신부는 일라이를 찾을 수 없었다. 침대는 정리되어 있었다. 신랑이 도망가버린 걸까? 하지만 그녀는 일라이를 밖에서 발견했다. 그는 거대한 단풍나무 아래에서 잠들어 있었다.

어린 일라이가 발코니에서 잠을 잔 것은 평범한 일은 아니었지만 해로울 것은 없었다. 사실 그것은 아주 의미 있는 사건이었다. 그것은 야생의 자유로움을 사랑한 한 소년의 모습을 잘 보여주며, 일라이는 그 일을 통해서 어려운 상황을 이겨내는 담대함과 독립심을 얻었다. 또한 핑키와 대립한 상황은 그에게 사람 다루는 방법을 가르쳐주었다.

어떤 학자들은 남성의 뇌가 야외활동을 즐기도록 만들어져 있다고 말한다. 그들은 남자아이들이 여자아이들보다 움직임—아마도 숲 속에서 전쟁놀이를 하는 것도 포함될 것이다—에 시각적으로 더 매료된다는 사실로 설명을 시작한다.

또 다른 심리학자들은 남자들이 자연에 매료되는 것을 자유에 대한 갈망, 또는 향수 때문이라고 말한다. 소년들은 자연을 보면서 자신들이 마음껏 돌아다니고 상상의 놀이를 즐길 수 있는 넓은 싸움터라고 여기고, 성인 남자들은 야외에 나가면 스포츠나 사냥을 통해서 자신들의 공격성을 안전하게 표출할 수 있다고 느낀다.

인류학자들은 남자아이가 야외활동에 매료되는 현상을 진화적 기원과 연관시킨다. 아주 오랜 옛날, 성인 남자들은 부족을 먹여 살리는 사냥꾼이었고 소년들은 용기와 뛰어난 사냥기술로 자신의 역량을 입증해야만 했기 때문이라는 것이다.

이유가 무엇이든지간에 대부분의 남자아이들은 그저 야외에 있는 것을 사랑한다. 그들은 자연 속에서 뛰어노는 것을 좋아한다. 내 경험으로 봤을 때 남자아이들이 나무껍질, 뱀, 황소개구리, 곤충 등 자연에 매료되는 것은 이들의 육체적, 정신적 욕구가 발달하는 시기이기 때문이다. 자연은 소년들이 육체적으로 자신을 시험할 수 있는 장소이자, 마음껏 상상력을 펼칠 수 있는 곳이기 때문이다. 이것이 소년들이 자연을 사랑하는 이유에 대한 또 하나의 과학적인 설명이 될 것이다.

자기들만의 숲 속 요새가 필요하다

빌리, 타일러, 에단은 집 뒤에 있는 작은 숲에 모였다. 이 소년들은 그곳에서 자신들만의 세계를 가질 수 있었기 때문에 숲을 사랑했다. 숲 속에 있으면 누구도 그들을 찾을 수 없었다. 그 숲은 그들만의 것이었다.

방과 후 또는 일요일 아침이면 세 아이들은 숲에 집합했다. 숲을 자신들의 영역으로 선언하고 타일러와 빌리는 요새를 만들 계획을 세웠다. 부서진 판자, 합판 조각, 로프를 이용해서 요란스럽게 작업했고 나무 두 그루 사이에 요새를 지었다. 또 기다란 PVC 파이프 하나를 발견하고 요새 바닥 한가운데에 세워서 나무 아래 땅으로 내려가게 했다. 그것이 화장실이었다. 마지막으로 타일러는 요새 바로 아래의 나무에 죽은 연어를 달아놔야 한다고 주장했다. 죽은 물고기는 무단침입자들에게 보이는 경고의 상징이었다. 이제 이 요새는 그들의 것이었다.

요새를 완성한 뒤 아이들은 마음껏 상상력을 펼쳤고, 숲 속 자기들의 영역 주변으로 위장한 침입자들이 몰려들고 있다고 상상했다. 침입자들은 요새 주위에서 무릎을 꿇고 앉아서 소년들이 도망갈 만한 모든 탈출 경로를 막아선 채, 쌍안경으로 소년들을 감시하고 있었다. 소년들의 심장이 마구 뛰기 시작했다. 즉시 계획을 세워야 했다. 빌리는 요새를 받치고 있는 소나무들 위로 가능한 한 높이 올라가자고 제안했다. 그러면 적이 요새를 습격했을 때 돌멩이나 나뭇가지, 남은 음식 등을 그들의 머리 위로 던질 수 있을 것이다. 그렇게 해서 한 명이라도 물리칠 수 있다면 나머지 놈들은 겁에 질려 달아날 것이다.

타일러는 빌리의 계획이 멍청하다고 생각했다. 타일러에게는 훨씬 더 그럴듯한 아이디어가 있었다. 티미와 마이크까지, 그들 다섯 명 모두는 숲에서 낙하산을 타고 탈출할 수 있었다. 사실 아이들은 숙련된 낙하산 부대원들(혹은 그러길 희망하는)이었기 때문에 위장한 적들을 피해 낙하하는 것은 식은 죽 먹기였다. 하지만 낙하산을 만들기 위해서는 몇 가지 필요한 게 더 있었다.

멋진 생각이야. 에단, 티미, 마이크는 동의했다. 빌리는 자신의 의견을 거부당했기 때문에 그다지 기분은 좋지 않았지만 협조하기로 했다.

이들은 조용히, 하지만 재빠르게 케이블 선을 요새 꼭대기 판자에서 근처 소나무 기둥으로 연결시켜 땅에서 1미터 정도 되는 위치에 고정시켰다.

에단은 점점 조바심이 났다. 이 일을 마치기 전에 적들이 요새를 공격하면 어떻게 하지? 친구들이나 내가 다치거나 죽으면 엄마가 뭐라고 할까?

그러는 동안 주위 여기저기서 침입자들의 워커에 밟혀 낙엽이 바스락거리는 소리가 들렸다. 타일러는 소총을 겨누며 주위를 감시했다. 적들이 접근해오고 있었다. 더 빨리 움직여야 했다.

마침내 케이블선이 안전하게 설치되었다. 다섯 명은 요새 위로 다시 날쌔게 올라갔고, 다음 움직임을 계획했다. 에단이 제일 처음 낙하하기로 했다. 에단은 가장 어렸고 가장 가벼웠기 때문에 만약의 경우를 대비해서 먼저 가야 했다.

사실 에단은 제일 먼저 낙하하고 싶지 않았다. 에단은 겁에 질렸지만 사실을 말하는 대신, 케이블 선을 따라 내려가는 일은 아주 재미있는 일이니까, 형들이 먼저 해야 한다고 주장했다. 다른 소년들은 말도 안 된다며 소리쳤다. 에단이 먼저 가야 해. 제일 가벼우니까.

아이들은 타일러의 배낭을 에단의 어깨에 매달았고, 가방 안을 여러 가지 요새 용품들로 채우기 시작했다. 플라스틱 컵 몇 개, 땅콩버터 병 하나, 반쯤 마신 스프라이트 병 두 개를 가방 안에 넣었다.

들어봐. 티미가 속삭였다. 사람들 목소리가 들린 것 같았다. 위장한 적들에게 들킨 걸까? 마이크, 빌리, 타일러는 수백 명의 사내들이 자신들을 잡을 기회를 노리며 나무 숲 뒤에 밀집해 있는 걸 보았다고 확신했고, 에단은 울기 시작했다. 에단은 적들에게 붙잡힐까 봐 겁에 질렸다. 타일러는 주머니에서 캐러바이니어(등산할 때 사용하는 타원 또는 D자형의 강철 고리—옮긴이)를 꺼냈고, 에단이 멘 배낭 윗부분 손잡이에 끼웠다. 에단은 아직 준비가 되지 않았다고 팔을 마구 흔들었지만 다른 아이들은 머뭇거릴 시간이 없다고 말했다. 지금 가야 돼. 타일러와 빌리는 에단을 들어서 요새 지붕 위로 올렸고, 티미와 마이크는 망을 보았다. 타일러는 에단의 배낭에 건 캐러바이니어를 케이블에 걸었다. 에단을 5미터 높이의 공중에 매달리게 해줄 것이라곤 그 알루미늄 걸쇠 하나가 전부였지만, 효과가 있었다. 에단은 날 준비를 마쳤다.

아이들은 에단을 밀었다. 에단의 몸 전체가 앞으로 밀리면서 땅과 수평이 되게 휘청거렸다. 하지만 더 이상 움직이지 않았다. 에단은 공중에서 팔을 내저으며 앞으로 나아가려고 애쓰고 있었다.

적군이 에단을 보았다. 나머지 네 명의 소년들 모두가 그것을 깨달았다. 그 순간 빌리에게 좋은 생각이 떠올랐다. 빌리는 소나무에서 두꺼운 가지를 꺾어 껍질을 벗겼다. 초록색 속살이 빛났다. 분명 이거면 될 거야. 빌리는 좀 더 확실히 하기 위해서 점심 때 먹다 남은 마가린 통을 가져와서 노란 마가린을 나뭇가지 중간에 듬뿍 바르고 캐러바이니어에도 발랐다.

빌리는 에단에게 그 나뭇가지를 케이블 위로 걸고 양끝을 붙잡으라고 말했다. 이것이 에단이 안전하게 케이블을 타고 내려가도록 도와줄 것이다.

새로운 핸들을 설치하고 걸쇠에 기름을 바르고 난 후 에단이 고개를 끄덕였다. 하나, 둘, 셋을 속삭인 후에 네 명의 소년들이 에단을 앞으로 밀었다.

그리고 에단은 날았다! 앙상한 몸을 케이블 선에 매단 채 소나무 가지를 꽉 잡고 땅을 향해 곧장 내려갔다. 하지만 갑자기 소나무 가지가 부러졌고 케이블에 매달린 배낭이 멈췄다. 약 2미터 높이의 공중에서 작은 걸쇠 하나에 의지한 채 에단은 케이블에 매달려 있었다. 에단은 꽥 소리를 질렀고, 앞으로 나가려고 다리를 뒤쪽으로 거칠게 찼지만 움직일 수 없었다. 꼼짝없이 갇혀버린 에단은 겁에 질렸다. 발아래 땅을 보았다. 케이블 선이 연결된 나무에는 그들의 트레이드마크인 죽은 연어가 못으로 고정되어 있었다. 그 위기의 순간에 정신이 번쩍 든 에단은 나무에 박힌 죽은 연어를 보자 자신이 너무 바보 같다는 생각이 들었다.

다른 네 명의 소년들은 요새에서 사다리를 타고 내려와서 공중에 매달린 에단 밑에 서 있었다. 아이들은 에단을 어떻게 내릴지 궁리했다. 한 명이 에단의 다리를 잡아당겨봤지만 나머지 아이들이 너무 위험하다며 말렸다. 타일러에게 더 좋은 생각이 있었다. 타일러는 야구방망이나 그 비슷한 것이 필요하다며 타일러는 길고 굵은 나뭇가지를 찾더니 얼른 하나를 주워서 에단을 구출하러 달려갔다. 에단은 적들이 공격하기 쉬운 타깃이었고, 빨리 조치를 취하지 않으면 곧 적들의 손에 최후를 맞이하게 될 것이다.

타일러는 다른 아이들에게는 돌멩이를 주우라고 소리쳤다. 잠시 그들은 어리둥절한 듯 타일러를 쳐다봤지만 이내 훈련을 잘 받은 낙하산대

원들처럼 작은 돌멩이들로 주머니를 가득 채우고 큰 돌멩이들은 팔로 안고 옮겼다.

타일러가 계획을 설명했다. 타일러는 부대원들에게 에단이 메고 있는 배낭의 윗부분을 겨냥하라고 명령했다. 배낭 손잡이에 걸려 있는 캐러바이니어를 맞추면 배낭이 움직일 것이다. 배낭에 충분한 힘이 가해지면 에단이 아래로 내려오고, 케이블에서 에단을 떼어낸 다음, 주위를 포위한 적들로부터 전력질주해서 도망칠 수 있다. 타일러는 에단이 메고 있는 배낭을 손에 든 나뭇가지로 때렸다. 나머지 아이들은 돌멩이를 던졌고, 에단은 소리를 질렀다. 돌멩이 조준이 생각했던 것만큼 정확하지 않았던 것이다. 빌리는 꽤 큰 돌멩이를 던졌고, 그 돌멩이는 에단의 배를 강타했다. 또 다른 돌멩이가 날아와 에단의 손목, 무릎을 탁탁 때렸다. 맞은 곳이 부어서 터질 것만 같았다. 에단은 그만하라고 소리쳤다.

타일러가 마지막 한 방을 던져 캐러바이니어를 맞췄다. 그러자 캐러바이니어가 열렸고 에단은 퍽 소리를 내며 배 쪽으로 떨어졌다. 에단은 배낭에 들어 있던 음료수 병 하나가 터져 셔츠에 스며드는 걸 느꼈다.

소년들이 달려와 배낭을 풀어 던졌고, 부상당한 친구를 붙잡고 달리기 시작했다. 적군, 수풀 속에서 자신들을 겨누는 소총, 머리 위로 날아드는 총알을 피해서 달렸다. 빌리네 앞마당에 도착했을 때, 아이들은 잔디 위에 그대로 쓰러졌다. 그들은 헉헉거리며 등을 바닥에 대고 누웠다. 심장이 쿵쾅거렸다. 10분 동안 아무도 입을 열지 않았다.

아이들은 승리했다! 에단은 거의 죽을 뻔했고 타일러는 탈출하면서 발목을 삐었지만 모두 살아남았다. 연어 요새의 소년들, 낙하산부대가 승리한 것이다. 아이들은 자신들의 용기, 강인함, 노련함을 입증했다. 이들은 남자였다.

몇 분간의 침묵 끝에 타일러가 몸을 옆으로 굴려서 친구들을 보았다. "그럼……." 타일러가 말했다.

"이제 뭐할까?"

현재 타일러는 비행기 전세 회사에서 조종사로 일한다. 때때로 그는 친구들을 비행기에 태우고 미시건 상부 반도로 날아가서 캠핑과 하이킹을 한다. 그는 여전히 숲을 좋아하지만 마가린을 바른 케이블 선을 타고 내려오지는 않는다.

소년기의 아이들은 자신의 상상력과 경험 사이에서 살아간다. 이 상상력을 따라잡기 위해서는 발로 뛰어다녀야 한다. 소년들이 움직이는 걸 그렇게 좋아하고 거칠게 행동하는 이유가 바로 여기 있다. 소년들에게 삶이란 무슨 일을 했을 때 다음에 어떤 일이 벌어질지 보려는, 계속되는 실험이다.

요새를 짓고, 낙하산 점프를 하는 소년들을 보면서 우리는 소년기의 결정적 특성과, 자연이 소년들에게 어떻게 생명을 불어넣는지 알 수 있다. 창조하고, 만들고, 상상을 펼치고픈 열망, (독립성, 우정, 용기를 강조하는) 행동수칙을 따르려는 열망, 자신의 능력을 시험하고 입증하려는 열망은 숲에서 뛰어놀면서 증명된다.

물론 소년들에게 그 요새의 의미는 각기 달랐다. 요새였을 뿐만 아니라 선박의 갑판, 퇴역장교들이 모여 시가를 피우는 술집이었을 수도 있다. 어떤 아이에게는 성을 지키는 기사가 된 시간이었을지도 모른다. 소년들이 그곳에서 어떤 모험을 꿈꿨든, 그 장소는 언제나 소년들만의 것이었다. 이런 주인의식과 프라이버시는 소년들에게 중요하다.

남자아이들이 여자아이들과 따로, 심지어 부모로부터도 떨어져서 놀려는 것은 불건전하거나 반사회적이거나 위험한 것이 아니다. 소년들은 간섭을 받지 않고 자기들끼리 책임을 지는 것을 좋아한다. 또한 자신들의 생각과 게임이 자유롭게 펼쳐지는 것을 좋아하며, 야외에서는 그것이 가능하다. 야외에서 소년들은 카우보이놀이나 인디언놀이를 할 수 있고 나무를 깎아서 칼을 만들 수도 있다. 또 숲을 뛰어다니며 모험을 즐길 수도 있고, 소년들만의 대화를 하며 깔깔댈 수도 있다.

소년들에게는 전쟁놀이를 할 수 있는 '요새'가 필요하고, 친구들과 공을 찰 운동장이 필요하다. 그런 장소에서 아이들은 자신감과 결단력을 배울 수 있다. 요새에서 놀고 동네축구를 하면서 소년들은 남자로 성장할 수 있는 건전한 장소를 찾는다. 사실 소년들은 부모에게 떠밀려 여러 가지 스포츠를 배우러 다니는 것보다 직접 게임, 모험, 프로젝트를 만들고 친구들과 야외에서 활동할 때 더 무한한 성장 가능성을 보인다.

앞서 강조했듯이 아이들에겐 부모가 함께하는 것이 중요하지만 너무 일일이 간섭하지 않는 것도 중요한 일이다. 아이들이 나무 요새에서 놀고 있을 때 엄마와 아빠가 그 안에서 쭈그리고 앉아 있을 필요는 없다. 사실 그래서는 안 된다. 어른들이 모든 야외활동을 감시하고 규칙을 정하면, 아이들은 자신들만의 독특하고 다양한 방법으로 스스로를 표현하는 방법을 배울 기회를 잃게 된다.

소년들에게는 형들과 동생들이 섞여서 노는 기회가 필요하다. 부모가 상황을 통제하면 누구도 왕이 될 수 없고, 볼보이도 될 수 없으며, 눈에 띄지 않게 달리는 아이도 될 수 없다. 모든 부모는 자신의 아들이 투수가 되기를 원한다. 하지만 그 바람은 현실이 될 수 없다. 부모들 덕분에 처음부터 주목받는 자리를 지키는 아이는 스스로 자신의 길을 헤쳐나갈 기회, 즉 어려움에 부딪혔다가 다시 일어나는 법을 배우지 못한다.

숲 속의 요새에서 타일러는 무리를 책임지는 법을 배웠고, 에단은 두려움을 극복해야만 했다. 무엇보다도 소년들은 독자적인 행동을 하지 않고 함께 움직였다. 요새에서 아이들은 자신들만의 사회를 만들고 즐거운 시간을 보냈고 창의력을 시험했다. 따라서 요새를 떠날 때는 자신에 대해 더 뿌듯할 수 있었다. 그것은 선생님이나 부모가 주입시킨 공허한 '자부심'에서 오는 것이 아니라, 스스로 얻은 성취감에서 나온 것이었다.

숲 속의 작은 공간과 통나무 몇 개만 있으면 소년들은 그들만의 세상을 만들 수 있다. 한 무리의 소년들이 어른들의 간섭 없이 노는 걸 보는 것만큼 남녀의 엄청난 차이를 확인하기에 좋은 기회는 없다. 여자아이들이 주말마다 숲 속으로 터벅터벅 걸어 들어가 전쟁놀이를 하고 요새를 짓고 죽은 물고기를 요새 앞에 달아놓는 것을 본 적이 있는가? 없을 것이다. 하지만 소년들은 그렇게 한다. 그리고 소년들의 꿈은 그런 것들로 이루어져 있기 때문에, 그럴 수 있도록 허락해야 한다.

남자아이들은 성인 남성들처럼 감정을 숨기고 내면에 가두는 경향이 있다. 여자아이들처럼 소리 내어 울거나, 친구나 형제자매에게 고민을 털어놓기보다는 종종 혼자 문제를 껴안는다. 따라서 그들은 혼자 생각할 수 있는 장소가 필요하다. 자연은 그들에게 그런 피난처를 제공한다. 또한 자연은 소년들의 점점 강해지는 육체적인 힘, 공격성, 그리고 부모, 특히 어머니들을 불안하게 하는 자질과 타협하는 데 도움을 준다. 부모는 아이들이 복도에서 몸싸움을 하거나 서로를 벽으로 쾅 밀어붙이는 것을 보면, 아이들의 넘치는 힘에 두려움을 느낀다. 누군가 다치거나 통제할 수 없는 상황이 될까 봐 걱정스럽다. 우리는 아이들이 몸싸움을 멈추고 예의바르게 행동하기를 원한다.

하지만 남자아이들에게는 자신의 육체적인 힘을 억제하고, 시험하며, 심지어 확인하는 일이 필요하다. 물론 아이들은 자기 통제와 절제, 다른 사람에 대한 연민을 배워야 한다. 하지만 자연은 냉정한 현실에 대해서도 많은 것을 배우게 한다. 나무나 바위는 우리가 소망하거나, 불평하거나, 열망하거나, 다툼을 벌인다 해도 움직여주지 않는다. 한번 쏜 화살은 되돌릴 수 없다. 숲 속 놀이가 상상력으로 만들어진 것이든 아니면 사냥이나 낚시처럼 실제이든, 그 놀이는 3차원적이고 실질적이며 어떤 컴퓨터 게임과도 견줄 수 없이 교육적이다. 소년들은 자신들의 손으로 직접 삶을 탐색하며 돌아다녀야 한다.

자신의 힘을 깨닫게 하는 모험

위험한 일에 끌리는 10대 소년들의 경향은 많은 부모의 골머리를 썩게 한다. 이것은 괜한 걱정이 아니다. 10대 소년들은 아직 인지발달이 완성되지 않았다. 게다가 행동에 따른 결과와 위험의 무게를 잘 감지하지 못하기 때문에 이들의 모험심은 더욱 불타오른다. 소년들은 교외에서 시속 160킬로미터로 운전할 때 재미있다는 생각 외에 다른 생각은 거의, 혹은 전혀 하지 못한다. 만약 차로 나무를 들이받았다면, 소년들은 완전히 부서진 차를 그냥 내버려두고 집에 가서 저녁을 먹을 것이다. 이들은 다른 사람들이 죽는다는 것은 상상할 수 있지만 자신이 죽는다는 생각은 절대 하지 못한다.

많은 10대 소년들은 심리학자들이 일컫는 "자기에 대한 환상"의 세계에 살고 있다. 이들은 자신들이 원하는 것은 무엇이든 할 수 있다고 생각한다. 심지어 다른 사람들의 마음을 바꿀 수도 있다는 왜곡된 믿음을 갖고 있다. 어린 10대 소년들이 부모가 이혼한 후에 심하게 괴로워하는 이유 중 하나가 바로 이것이다. 소년은 자신이 아버지가 집을 떠나는 것을 막을 수 있었다고 믿는다. 엄마의 우울증을 막을 수 있었고, 친구가 물에 빠져 죽는 것을 막을 수 있었다고 생각한다. 간단히 말해 소년들은 삶에서 지나치게 많은 부분에 책임감을 느낀다. 스스로에게 자기 자신, 사랑하는 사람들, 친구들의 운명을 바꿀 수 있는 힘이 있다고 진심으로 믿기 때문이다.

심리적 미성숙을 보여주는 이 모든 특징들은—현재의 행위와 미래의 결과를 연결시키는 능력의 부재, 자신이 천하무적이라는 믿음, 자신에 대한 환상 등— 소년에게 위험 속으로 뛰어들 준비를 하도록 만든다.

10대 소년은 자기 안에서 힘이 솟아나는 것을 느끼고, 그 힘을 더 분명히 정의내리고 자신을 더 남자답게 느끼고 싶어 한다. 하지만 다른 사람을 망치거나, 제압하거나, 마음대로 부리거나, 해를 끼치고 싶은 것은 아니며 자신의 힘에서 느낄 수 있는 쾌감을 얻고 싶을 뿐이다. 그리고 그것을 얻을 수 있는 유혹적인 장소 중 하나가 바로 자동차, 특히 '경주용 자동차'이다.

젊은이든 노인이든 가릴 것 없이, 경주용 자동차에 매혹된 수백만 명의 남자들을 보라. 경주용 자동차는 날렵하고 빠르고 매우 남성적이다. 경주용 자동차가 소년들을 매혹시키는 것은 당연하다. 경주용 자동차를 타는 것은 자신의 남성성을 시험하는 전형적인 방법이다. 내가 얼마나 빨리 차를 운전할 수 있을까? 다른 차들을 얼마나 많이 따라잡아 먼지를 뒤집어쓰게 할 수 있을까? 운전자로서 내 능력과 자동차의 힘을 얼마나 효과적으로 조화시킬 수 있을까?

이런 경험은 전적으로 남성적인 것이다. 남성성의 많은 부분은 자신의 힘에 대한 이해로 정의된다. 여성성이 여러 가지 다른 감정적, 지적 요소로 정의되는 것과는 다르다. 남자들에게는 힘의 영향이 압도적이지만, 여성들에게는 그렇게 압도적인 요소는 없다.

그렇다면 열여덟 살 아들이 잘 빠진 자동차를 타고 고속도로를 마음껏 달리도록 놔둬야 하는 걸까? 결코 그렇지 않다. 하지만 소년들이 자신의 힘을 정의할 수 있는 배출구를 찾고 있다는 걸 알아야 한다. 이 사실을 이해하는 것은 아이들을 어떻게 보호해야 하는지 더 좋은 방법을 찾게 한다. 대부분의 부모는 10대 아들이 실제보다 지적, 심리적, 정서적으로 더 성숙했다고 여긴다. 그들은 아들이 운전대를 잡으면 자신의 한계를 시험해볼 생각을 할지 모른다는 사실을 이해하지 못한다. 부모들은 10대 아들의 큰 키와 까칠하게 수염이 자란 얼굴에 속아 넘어가면 안 된다. 하지만 열여덟 살 소년을 논리적으로 설득하거나 위험한 일을 하지 말라고 말로 타이를 수는 없을 것이다. 당신의 아들은 당신과는 완전히 다른 방식으로 생각한다. 아이의 발달 정도는 당신과는 아주 다른 단계에 있다. 아이가 위험한 일을 하고 싶어 할 때 비난하지 말라. 대신 미친 사람처럼 운전하게 내버려두지 말고 패러글라이딩 같은 모험을 몇 번 해볼 기회를 만들어라. 아이가 흥분을 느낄 수 있게 하라. 아이에게 위험으로 느껴지는, 그러나 실제로는 훨씬 안전한 활동으로 방향을 돌려라.

10대 소년인 티는 큰뿔 달산양의 사진을 찍으러 캐나다 로키산맥으로 갔던 3주간의 배낭여행에 대해서 이야기했다. 티는 집에서 멀리 떨어져서 샤워나 면도도 하지 못하고 좋은 음식도 먹지 못하는 야외생활에 매우 신이 나 있었다. 티와 형, 아버지는 산의 지형을 잘 알고 가이드 역할을 해줄 다른 두 명의 친구와 합류했다. 그들은 두 산 사이의 계곡에 있는 베이스캠프까지 말을 타고 거기서부터는 걸어서 여행했다. 하루는 너무 오랫동안 산을 탔기 때문에 텐트에 돌아오자마자 너무 피곤한 나머지 일찍 잠이 들었다. 네 시간 정도 지났을 무렵, 티는 이상한 냄새에 잠을 깼다. 연기였다.

그는 침낭에서 벌떡 일어나 텐트 밖으로 달려 나왔다. 산줄기의 한 산봉우리 너머에서 거대한 연기가 피어오르는 것이 보였다. 불길은 보이지 않았다. 티는 형과 아버지, 친구들을 깨웠고 그들은 대책을 상의했다. 티는 말을 세워둔 계곡으로 1마일을 달려 내려가서 말을 타고 그곳을 빠져 나가자고 했다. 하지만 다른 친구들은 말이 있는 곳이 불과 너무 가깝기 때문에 무리라고 했다. 형은 연기를 피해서 도망치자고 했다. 이것은 다른 산을 타고 산 너머로 가는 것을 의미했다. 그러자 한 친구는 그 산 뒤쪽은 너무 험해서 길을 잃기 쉽다고 했다.

그들이 많은 대책을 떠올리고 상의할수록, 티는 점점 더 겁에 질렸다. 평생 이때만큼 더 겁에 질린 적은 없었다. 그 다섯 명은 그들이 불길보다 더 빨리 도망가거나, 말을 타고 더 빨리 달리거나, 더 멀리 갈 수는 없다고 결론을 내렸다. 불을 진압하거나 끌 수 있는 방법도 없었다. 그들에게 남은 유일한 방법은 두 산 사이에 있는 거대한 계곡에서 누군가의 구조를 기다리는 것뿐이었다. 그리고 산불이 다른 방향으로 향하길 기도했다.

마침내 산불의 방향이 바뀌었다. 공포에 질린 세 시간이 지나고, 남자들은 연기가 잦아들었다는 것을 깨달았다. 산불은 물러가고 있었고 연기 냄새마저 희미해졌다.

티와 다른 남자들은 자신들의 무력함에 직면했다. 각자의 감정적, 지적, 육체적 힘이 자연에 부딪혔고, 그들은 패했다. 불에 타 죽은 것은 아니지만 자연이 자신들보다 강하다는 것을 깨달았다.

티는 그 모험을 통해서 남자로서 자신에 대해 더 깊이 깨달을 수 있었다. 자기 능력의 현실을 알게 되었고, 한계에 대해서도 배웠다. 즉 티는 겸손함을 배웠다. 티가 겪은 것과 같은 경험이 10대들을 더 빨리 성숙하게 한다. 그것은 소년들이 자연에 맞서서 자신을 시험하고, 동료들과 서로를 시험하는 것에서 얻을 수 있는 경험들이다.

젊은 남성들이 자기 힘의 한계를 배우는 것은 매우 중요한 일이다. 그리고 그들은 그런 도전을 반드시 맞서야 할 것으로 여긴다. 따라서 그들은 산을 오르고 자동차 경주를 하고 몸싸움을 한다. 그런 활동들을 통해 자기 안에 무엇이 있는지, 그것을 얼마나 멀리 가져갈 수 있는지를 깨닫는다. 그들이 벽을 치는 순간, 그들 안에 겸손이 자리 잡기 시작하는 것이다.

이런 도전들을 혼자 감당하는 경우도 있지만, 소년들은 보통 다른 사람들과 비교하면서 자신의 힘에 대해 깨닫는다. 소년들은 본능적으로 경쟁한다. 그들이 처음으로 비교하는 것들 중 하나는 다른 친구들에 비해 자신이 얼마나 강한지 판단하는 것이다. 처음에는 육체적인 힘, 나중에는 지적인 힘을 비교한다. 그들은 또한 경쟁을 통해서 자신의 능력뿐만 아니라 다른 사람들의 능력에 대해서도 깊이 이해하게 된다.

이 마지막 사항은 특히 더 중요하다. 소년들은 남을 돕는 일에 자신의 힘과 기술을 쓰는 것을 배워야 하기 때문이다. 봉사는 에너지를 지휘하고, 힘을 사용할 유용한 목적을 찾을 수 있게 도와준다. 봉사활동은 소년의 넘치는 힘을 책임감으로 누그러뜨린다. 봉사활동은 10대가 세상과 분리되고 고립되었다고 느끼는 것을 막아주는 가장 좋은 방법 중 하나이며, 세상에는 자신의 일 말고도 더 많은 일이 있다는 것을 일깨워준다. 아들의 인격을 강인하게 만들고 싶다면 봉사정신을 개발할 수 있는 활동들을 찾아주어라. 그런 활동들을 통해서 아이는 자신의 재능이 얼마나 가치 있는지 깨닫고, 도움을 필요로 하는 사람들을 포함한 모든 사람들이 소중하다는 사실을 배울 수 있다.

제4장

전자매체의 영향

우리 대부분은 컴퓨터, 아이팟, 텔레비전과 기이한 관계를 맺고 즐기고 있다. 정말이다. 우리가 이 생명 없는 기계들과 관계를 나누고 있다고 말하는 것은 정확한 표현이다. 우리는 그것들을 사랑하고 또 미워한다. 전자기기들은 우리 생활을 더 체계적으로 만들어주었고, 더 많은 즐거움을 가져다주었다. 또한 우리와 우리 자녀들이 쉽게 자료를 찾을 수 있게 해주었고, 압도적으로 느껴질 정도로 많은 정보가 쏟아지도록 정보의 문을 활짝 열어주었다. 인터넷, 비디오 게임, 다른 많은 전자기기들이 없던 시대를 살았던 사람들은 전자 미디어가 가져다주는 재난뿐만 아니라 이점들에 대해 색다른 견해를 가진다. 하지만 우리 아이들에게는 그런 이해가 없다. 어른들은 인스턴트 메시지가 화면에 튀어나오는 일 없이 책을 읽는 게 어떤 것인지 알 만큼은 종이책을 많이 읽었다. 우리는 영화를 음미하는 법을 배웠고, 문방구에서 편지지를 사서 친구들과 친척들에게 직접 손으로 편지를 썼다. 사실 편지를 쓰기 전에는 자리에 앉아서 생각이란 걸 했다. 때로는 쓰던 편지를 쓰레기통으로 던져버렸다. 자신의 생각을 간결하게 쓰지 못했거나 의도하지 않은 말을 썼기 때문이었다. 어쩌면 자신에 대해 너무 엄격하거나 너무 감상적이었는지도 모른다. 그래서 편지를 찢어버리고 다시 썼다. 부모님은 편지를 받는 사람들이 어떤 이야기를 듣고 싶어 할지 생각하라고 가르쳤다. 그리고 우리는 편지를 부치고 답장이 오기를 기다렸다. 할머니나 할아버지가 읽으시기에 내 필체가 충분히 깔끔했나? 내가 쓴 내용에 대해 어떻게 생각하실까? 답장을 주실까?

전자매체의 시대가 오기 전에는 사람들이 소통을 하려면 노력이 필요했다. 또 얼굴을 마주보고 의사소통을 하는 경우가 지금보다 훨씬 많았다. 하지만 이제 누가 손으로 편지를 쓰는가? (손으로 쓴 편지가 이메일보다 더 사적인데도 말이다.) 우리는 자료 조사를 위해서도 더 공을 들여야 했다. (즉 직접 도서관에 가야 했다.) 그리고 리포트를 쓰기 위해서 타자기를 이용하거나 펜으로 쓰느라 고생해야 했다. (수정액으로 틀린 글자를 지우던 것을 기억하는가?) 우리는 컴퓨터를 상대로 게임을 하지도 않았다. 우리는 친구들과 게임을 했다. 전자매체가 세상을 지배하게 된 이후로 우리가 잃어버린 한 가지는 바로 '영구성에 대한 지각'이다. 요즘 누가 이메일을 보관하는가? 어떤 소년이 문자메시지를 모두 보관하고 있는가? 거의 없을 것이다. 하지만 손으로 쓴 편지를 받으면 어떻게 하는가? 아무리 냉소적인 사람이라도 상자나 옷장 속 보관함에 살며시 그것을 넣어둘 것이다.

나는 아들을 낳았을 때 아버지가 내게 써준 편지를 평생 잊지 못할 것이다. 아버지의 필체는 끔찍했다. 나는 우리 가족 중에서 아버지의 글씨를 해독할 수 있는 몇 안 되는 사람들 중 한 명이었다.

'사랑하는 메그.' 편지는 이렇게 시작한다. '나는 너와 네가 이룬 모든 것들이 너무나도 자랑스럽단다. 특히 이번 일은 더 기쁘구나. 사랑한다, 아빠가.'

아버지는 이 편지를 16년 전에 썼다. 나는 아직도 이 편지를 읽을 때면 눈물이 난다. 단어들은 나를 감동시키고 그 필체를 보면 또 다시 눈물이 흐른다. 그는 지금 알츠하이머를 앓고 있어서 더 이상 당신의 이름조차 쓸 수 없다. 아버지가 그 편지를 쓸 때, 컴퓨터가 없었던 것이 얼마나 다행스러운지 모른다.

아버지가 썼던 '아빠'라는 단어는 어떤 글씨로도 대체될 수 없을 것이다. 사랑하는 사람의 필체를 떠올려보자. 당신은 그것을 단 한 번에 알아볼 것이다. 몇 글자만 읽어도 그 사람의 감정 상태를 알 수 있다. 필체는 매우 개인적이다. 하지만 컴퓨터 화면의 글자들은 절대 그런 영향력을 가지고 있지 않다.

소년들에게는 손으로 쓴 편지가 필요하다. 컴퓨터나 휴대폰에서 할 수 있는 것보다 더 깊이 있는 소통을 일깨워주는 편지가 필요하다. 요즘 아이들은 종이와 펜, 메모지의 촉감, 아버지가 종이 위에 써준 진심 어린 글의 가치를 이해하지 못한다.

전자기기는 단순히 글을 쓰고 소통하는 방법만 변화시킨 것이 아니다. 물론 오늘날 우리는 어느 때보다 더 많은 친구들, 가족들과 연락을 하고 살아간다. 하지만 그 연락의 성질은 예전과 다르다. 그것은 인간미 없는 매체를 통해 이뤄진다. 물론 얻는 것도 있고 잃는 것도 있다. 이제 우리는 그 손실을 보상해야 한다. 우리 아이들은 전자기기로 가득한 풍경 속에서 길을 잃지 않도록 안내가 필요하다. 우리보다 전자기기로 구성된 세상의 내용을 더 잘 알지는 모르지만, 소년들이 혼자서 그 세계를 항해하도록 내버려두어서는 안 된다. 나는 진료 경험을 통해서 많은 전자매체들이 아이들의 정신과 감정을 빨아먹는다는 것을 잘 알고 있다. 또한 이런 충격적이고 끔찍한 세상에서 아이들을 구해내는 것은 무척이나 어려운 일이다.

물론 전자매체는 이제 우리 생활의 일부이고, 어쨌든 우리 아이들은 그것들을 사용하며, 그로부터 영향을 받을 것이다. 심지어 아이들이 사용하는 어휘도 달라졌다. 인스턴트 메시지가 우리 아이들의 새로운 언어이다.

인터넷과 같은 전자 공간(채팅룸, 웹사이트, 이메일, 아이튠즈 등)과 텔레비전, 비디오 게임, 음악기기(아이팟 등)는 아이들에게 재미를 준다. 하지만 그것들은 또한 매우 심각한 위험을 가져다주기도 한다. 한번 살펴보자.

미국소아과학회는 최근에 텔레비전에 나오는 폭력이 우리 아이들에게 나쁘다는 발표를 '또' 했다. 하지만 우리는 그 사실을 이미 알고 있다. 오늘날 TV에서 볼 수 있는 폭력은 우리가 '딜런 보안관'(Gunsmoke; 미국에서 60~70년대에 방영된 서부 드라마 시리즈)을 보던 시절의 것과는 다르다. 우리가 어렸을 때는 사람들을 총으로 쏘며 돌아다니는 컴퓨터 게임 같은 건 없었다. 미국소아과학회는 매체에 등장하는 폭력이 남자아이들에 영향을 미치는 문제의 위급함을 다음 세 가지 이유를 들어 강조했다. 첫째, 한계를 초월할수록 더 잘 팔리기 때문이다. 따라서 매체는 폭력을 더 자주, 더 선정적으로 보여준다. 소년들은 곧 일정 수준의 폭력에 둔감해진다. 그러고는 지루하게 느낀다. 게임 및 프로그램 제작자들은 판매를 늘리기 위해서 계속해서 판돈을 올린다.

둘째, 우리는 첨단의학과 수준 높은 교육의 세상에 살고 있지만, 남자 아이들이 더 공격적으로 변하고, 더 폭력적이 되어가는 것을 목격한다. 대부분의 경우 폭력과 공격의 대상이 무작위인 것처럼 보인다. 소년들은 지나는 행인에게 소리를 지르고, 여자 친구를 때리고, 대화에서 선정적인 언어를 더 많이 사용한다.

셋째, 부모들은 뭔가 행동을 취해야 한다는 것을 알면서도 쉽게 플러그를 뽑아버리지 못한다. 플러그를 뽑지 않으면 대단한 위험을 무릅쓰게 된다는 것도 알고 있다. 어떤 것들은 단순한 위험요소 이상이다. 중대한 현실은 사람들이 둔감해져서 쓰레기 같은 매체들에도 더 이상 꿈쩍하지 않는 지경에까지 이르렀다는 것이다. 전자매체는 우리를 유혹한다. 자녀들처럼 부모들도 친구들로부터 압력을 받는다. 인기 있는 프로그램, 심지어 불쾌한 내용의 프로그램까지도 거실로 기어 들어온다. 다른 사람들과 이야기하고 대화에 끼기 위해서는 어쩔 수 없다. 또 샘의 부모가 샘에게 최신 비디오 게임을 허락했기 때문에, 우리도 우리 아이에게 똑같이 허락해야 한다는 압박을 느낀다.

하지만 끔찍한 TV 프로그램과 폭력적인 컴퓨터 게임이 우리 아들에게 나쁜 영향을 미칠 거라는 부모의 직감을 입증하는 증거들은 넘친다. 우리는 이제 자리에서 일어나야 한다. 부모가 앞장서지 않는다면, 누구도 나서지 않을 것이다. 우리는 마케팅 담당자, 텔레비전 프로듀서, 유행을 쫓는 다른 부모들에게 강제로 떠밀려서는 안 된다. 소아과 의사로서 나는 아이가 전자매체에 접근하는 걸 완전히 끊거나 엄격하게 제한하고 감시하는 것이 아이의 정신적·감정적·육체적 건강에 매우 좋은 일이라는 것을 확신한다. 남자아이들은 전자매체를 잘못 사용함으로써 얻는 심각한 문제들로 고통받고 있다. 게다가 그것은 아이들이 10대일 때 시작되는 것이 아니라 훨씬 오래전에 바쁜 부모들이 텔레비전으로 어린아이를 달래던 시절부터 시작된다. 부모들은 어린아이들을 조용하게 하려고 텔레비전을 보게 한 것처럼, 방해받지 않으려고 열여덟 살 아들에게도 자기 방에서 몇 시간이나 컴퓨터 게임을 하도록 내버려둘 것이다. 오해는 말기 바란다. 물론 부모들도 휴식이 필요하다. 대부분의 부모들이 일상에 지쳐 있다. TV를 켜거나 컴퓨터 게임을 허락하면 훨씬 수월하다. 아이들은 즐거워하고 자신은 조용히 쉬거나 집안일을 할 시간을 얻을 수 있다. 하지만 믿을 만한 프로그램이거나 걱정하지 않아도 될 만한 게임이 아닌 이상, 부작용을 감당하기에는 그 대가가 너무 크다.

우리 병원의 내과 의사들은 종종 의대생들이나 인턴을 가르친다. 최근에는 소아과에 지원한 의대생을 한 명 맡았다. 내가 병원에 도착했을 때, 그는 전공서적을 읽으며 자신을 가르쳐줄 의사를 기다리고 있었다. 그는 나를 보고는 재빨리 자기소개를 했다. 평소에 나는 진찰할 때 학생들이 옆에 있는 것을 좋아하지만 그날은 스케줄이 너무 바빠서 다른 의사들이 그를 데려가길 바랐다. 하지만 이제 빠져나갈 구멍이 사라졌다.

나는 그에게 오늘은 이야기할 시간이 많이 없을 테지만 환자 진료를 참관하는 건 환영한다고 말했다. 하지만 서너 명의 환자를 보고 나자 곧 마음이 불편해지기 시작했다. 오늘날의 의사들은 어느 때보다도 바쁘다. 보험회사가 점점 진료 환급률을 낮추어서 우리는 시간당 더 많은 환자들을 봐야만 한다. 또 컴퓨터가 우리 생활을 접수한 이후로 우리는 진료 전에 노란색 서류철에 있는 환자의 파일을 살펴보는 대신 진료실의 컴퓨터를 클릭하면서 화면을 노려보고 앉아 있다. 하지만 25년 전에는 한 의사가 자신의 시간 전부를 사용해서 환자를 어떻게 보는지 세세하게 가르쳐주었다. 나는 그 의사로부터 컴퓨터 스크린이나 책에서는 절대 배울 수 없는 것들을 배웠다. 어떤 의사는 아기의 움직임을 보고 아기가 초기 뇌성마비를 앓고 있는지 여부를 확인하는 방법을 가르쳐주었다. 또 다른 의사는 아기의 심장과 맥박을 검사해서 대동맥축착증이 있는지 확인하게 했다. 어떤 의사는 내게 아기의 눈을 조사해서 즉시 치료가 필요한 암의 증상을 찾는 방법을 가르쳐주었다. 나도 이 학생에게 그런 것들을 가르쳐주어야 했다. 하지만 그렇게 많은 시간을 할애한다면 스케줄을 따라잡지 못할 것이고, 스케줄을 다 맞추지 못하면 아들의 풋볼 연습이 끝날 때 데리러 가는 것도 늦을 것이고, 그러면 또……

내 상황도 여러분과 다를 바 없다. 우리 모두 하루의 일과를 어렵게 소화해야 하고, 그것도 제시간에 맞춰야만 한다. 우리는 이런 생활을 하기 때문에 전자기기를 좋아한다. 그것들이 우리를 더 효율적으로 만들어준다고 생각하며, 우리가 일하거나 직장에서 돌아와 휴식을 취하는 동안 아이들을 즐겁게 해주기 때문이다. 하지만 이렇게 전자기기에 의존하게 되면 더 큰 문제에 맞닥뜨릴 수 있다. 어린아이나 10대 아들의 짜증을 TV나 비디오 게임으로 매수하는 엄마는 분명 책임져야 할 문제가 생길 것이다. 어린 아들이나 10대 아들을 다루는 법을 빨리 배우지 않으면 아이들은 엄마를 자기 마음대로 조종하는 것이 어렵지 않다는 걸 알게 되고 나쁜 습관에 빠져들 것이다.

부모들은 스스로 활기를 불어넣어서 아들을 다루는 매우 커다란 에너지를 모을 수 있어야 한다. 다섯 살이건 스무 살이건 아이에게는 우리의 도움이 필요하다. 좋은 소식은 우리가 투자하는 에너지가 아이들에게만 이로운 것이 아니라 우리 자신에게도 이롭다는 것이다.

아이들의 마음에 미치는 영향

열 살에서 스무 살 사이의 남녀 어린이들과 10대 청소년들은 하루에 약 여섯 시간 반을 여러 가지 전자기기를 사용하면서 보낸다. 평균적으로 그중 세 시간은 텔레비전을 보는 데 쓰고, 약 두 시간은 라디오, CD 플레이어, MP3 플레이어를 듣는 데, 한 시간이나 그 이상을 학교 과제 이외의 목적으로 컴퓨터를 사용한다. 남자아이들은 모든 연령에서 전자매체에 더 끌리며, 특히 여자아이들보다 열성적으로 쌍방향 비디오 게임을 좋아한다. 따라서 앞서 말한 수치는 소년들의 경우 더 높아질 수 있다.

하지만 제시된 수치만 봐도—위의 자료는 카이저가족재단(Kaiser Family Foundation)의 연구결과이며 어린이와 청소년들의 미디어 사용에 관한 가장 광범위한 연구들 중 하나이다—남자아이들이 적어도 주당 평균 45시간 30분, 또는 전일제 직업에서 보내는 시간 이상을 텔레비전이나 컴퓨터, MP3플레이어를 사용하면서 보낸다는 것을 알 수 있다.

전자기기를 사용하는 시간을 남자아이가 한 주 동안 하는 다른 활동들과 비교하면, 더욱 놀라운 차이가 드러난다. 일반적으로 하루에 남자아이가 독서하는 시간은 43분, 부모와 보내는 시간은 두 시간이 약간 넘는다. 그리고 한 시간 30분 정도는 다른 육체적인 활동을 하고, 하루에 30분을 집안일을 하면서 보낸다. 일주일 동안 소년은 열여섯 시간 미만을 부모와 함께 보내고(그중 반 정도는 전자기기와 함께한다.) 겨우 다섯 시간 20분을 숙제를 하는 데 보낸다. 한 주 동안 하는 육체적인 활동의 총 시간은 열 시간 30분으로, 아이가 컴퓨터 화면 앞에 있거나 텔레비전을 보거나 아이팟으로 음악을 듣는 시간의 약 4분의 1 정도이다. 이는 아이들 사이에 비만이 급격하게 늘어난 현상을 설명하는 주요한 이유이기도

하다.

육체적인 부작용은 시작일 뿐이다. 미국소아과학회(American Academy of Pediatrics)는 학회지 《피디애트릭(Pediatrics)》에서 폭력적인 텔레비전 프로그램을 보거나 비디오 게임을 하는 소년들이 그렇지 않은 소년들보다 훨씬 공격적이라고 경고했다. 정신과학재단(Mind Science Foundation)에서 발표한 수준 높은 연구에서, 연구자들은 비폭력적인 비디오를 본 어린이들과 폭력적인 비디오를 본 어린이들의 뇌 활동을 연구했다. 이 두 그룹의 뇌 활동 패턴의 차이는 실로 놀라웠다. 자세히 설명하면, 아이들 뇌의 오른쪽 특정 부위가 텔레비전 화면에서 폭력적인 장면을 볼 때에만 자극되었다. 이 연구는 또한 텔레비전에서 폭력적인 장면을 볼 때 감정, 흥분, 주의 집중, 기억 입력 등을 관장하는 뇌 부분이 신경망을 형성하며 자극된다는 것을 발견했다. 연구자들은 대중매체에서 폭력적인 장면을 자주 보는 아이들이 더 공격적으로 행동할 가능성이 큰 이유는 어린이의 장기기억에 뇌가 폭력적인 대본을 저장하기 때문이라는 결론을 내렸다. 실제로 지난 15년간 전자매체의 지나친 사용과 남자아이들의 공격적인 행동의 연관성에 관한 증거는 압도적으로 늘어났으며, 반박할 수 없을 정도이다.

폭력을 가하는 매체

의학저널 《란셋(Lancet)》은 2005년도에 "텔레비전, 영화, 비디오, 경쟁적인 게임에 나오는 폭력적인 이미지는 흥분, 생각, 감정에 상당한 단기적 영향을 미치며 어린 아이들일수록 공격적이거나 끔찍한 행동을 할 가능성이 높아진다"라는 내용의 보고서를 발표했다. 특히 이런 현상은 남자아이들의 경우 더 심해진다. 텔레비전 프로그램의 과반수 이상이(60% 이상) 폭력적인 장면을 포함하고 있다. 또한 폭력을 행사하는 가해자들도 매력적으로 묘사된다.

남자아이들은 여자아이들보다 폭력적인 매체에 훨씬 더 매력을 느낀다. 여자아이들은 음악을 더 들으려 하는 반면 남자아이들은 폭력적인 비디오 게임을 하거나 폭력적인 영화를 볼 가능성이 더 크다. 이런 현상에는 이유가 있다. 여자아이들은 유아기 때 움직이지 않는 얼굴에 반응을 보이지만 남자아이들은 움직이는 물체에 반응한다. 자라면서 남자아이들이 여자아이들보다 육체적으로 더 사납게 날뛴다는 것을 우리는 알고 있다. 게다가 남자아이들은 성장해가면서 폭력을 남자다운 것으로 인식한다. 여기엔 분명 매체의 책임이 어느 정도 있다. 앞서 우리는 소년들이 자신의 힘과 타협하는 법을 배울 필요가 있다고 이야기했다. 아이들은 힘이 규칙 안에서 도덕적으로 사용되는 것을 보는 것이 매우 중요하다. 하지만 오늘날의 영화는 좀처럼 개리 쿠퍼(Gary Cooper, 서부영화에 많이 등장하던 미국 영화배우—옮긴이)나 지미 스튜어트(Jimmy Stewart, 서부영화에 많이 등장하던 미국 영화배우, 개리 쿠퍼와 더불어 정의로운 영웅 역할을 많이 했다—옮긴이)의 틀에 맞추지 않는다. 정신과 의사들이 반사회적 행동—조롱하기, 모욕하기, 거짓말하기, 무기 없이 또는 무기를 소지하고 드러내는 공격성 등—이라고 여기는 행동들은 오늘날 영화에 등장하는 남자들의 일반적인 모습이다. 소년들은 자신이 경외하는 남자들이 다른 사람을 조롱하고, 거짓말하고, 공격적으로 행동하는 것을 반복적으로 보게 되면 그런 행동을 남자다운 것으로 여기고, 그대로 따라하면 자신들이 더 남자다워진다고 생각할 것이다. 그런 장면들이 열 살 아이의 뇌를 공격하면 남자는 신의 있고 자제력이 있어야 한다는 생각(아버지가 가르쳤을 생각)에서 진짜 남자는 잔인하고 공격적이라는 생각으로 쉽게 넘어갈 수 있다.

이런 식으로 대중매체가 폭력적인 주제를 강화하고, 때로는 학급 친구나 불량한 학생들, 범죄조직, 폭력적인 어른들이 반사회적 행동들을 보임으로써 나쁜 행동들이 소년들에게 강요된다. 소년들의 상당수가 부모나 사회가 권장하지 않는 공격적인 행동에 유혹당하는 것은 명백한 사실이다.

발달심리학 연구에 따르면, 출생 후 2년 동안은 여자아이들보다 남자아이들이 감정적인 표현과 반응을 더 많이 하지만, 점차 이런 경향이 바뀐다고 한다. 4~8세의 소년들은 말수가 줄고 얼굴 표정의 다양성도 줄어든다. 이런 감정적 폐쇄는 소년들이 자신의 감정을 말로 잘 표현하지 못하게 되거나, 몇몇 연구자들이 전형적 남성 감정표현 불능증이라고 부르는 증상으로 이어진다. 이때쯤(6~8세) 남자아이들은 종종 여자아이들보다 더 반사회적인 행동을 보이기 시작한다. 이런 행동들은 공격적일 수도 있고 그렇지 않을 수도 있다.

다시 말해 소년들 사이의 공격적 행동은 감정적 폐쇄가 심해지면서 점점 증가하게 되는 것이다. 그런 시기에 폭력적인 매체에 노출되는 빈도가 증가한다면 그 결과는 아주 해로울 수 있다. 우리는 연구자료들을 통해서 폭력적인 매체를 보고 난 후 소년들이 짧은 시간 동안이라도 더 공격적이 된다는 것을 알 수 있다. 이 자료는 도표로 나타내도 눈에 띄는 결과를 보여준다. 폭력적인 매체에 아주 짧은 시간 동안 노출된다 해도 아이들에게는 해롭기 때문에, 그 양이 많아진다면 상황은 더 나빠질 수밖에 없다. 텔레비전 프로그램이나 영화가 아닌 쌍방향 비디오 게임에서 나오는 폭력은 더 심각하다. 심리학 연구자들은 폭력적인 게임이 소년들의 폭력적인 행동을 조장하느냐 하지 않느냐의 문제로 게임 산업과 대립하고 있지만, 과학적인 자료들을 반박할 수는 없어 보인다. 비디오 게임에 관한 최근의 한 메타분석(한 주제에 대한 기존의 많은 연구들을 통합하고 종합하는 분석방법—옮긴이) 보고서는 아주 명확한 결론을 냈다. 공격적인 행동과 관련한 연구에서 폭력성이 높은 영상은 분명히 고조된 공격성과 관련이 있다는 것이다. 또한 "폭력적인 비디오 게임에 노출되는 것은 현실 세계의 공격성과 관련이 있다"라고 밝혔다.

폭력적인 장면에 노출되는 것은 다른 면에서도 소년들에게 영향을 미친다. 많은 연구들은 폭력적인 비디오 게임이 현실에서 다른 사람을 돕는 사람들에게 '부정적인 영향'을 미친다는 것을 분명히 보여준다. 폭력적인 비디오 게임은 공격적인 생각을 늘리고, 분노와 적개심을 증가시키고, 혈압과 심장박동 수를 상승시키기도 한다.

즉, 폭력적인 매체에 노출되는 것은 소년들에게 해롭다. 수준 높은 의학 연구들은 폭력적인 매체가 나이를 불문하고 모든 소년들에게 영향을 미치며, 아이들이 반사회적 공격성에 이끌리는 경향을 증가시킨다는 것을 분명히 보여준다. 당신의 아들이 왜 그런 위험을 감수해야 하는가? 공격적인 비디오 게임을 아들이 꼭 해야 할 이유는 전혀 없다. 〈보난자(Bonanza; 60,70년대에 방영한 미국 서부 드라마 시리즈)〉와 같은 옛날 드라마를 보는 건 별로 해로울 게 없지만, 준성인용 영화나 황금시간대의 폭력적인 텔레비전 프로그램은 그렇지 않다. 폭력적인 매체를 베이비시터로 이용하는 것보다는 아들과 함께 체커나 체스를 두거나 스크래블과 같이 단순한 단어 게임을 하는 것이 당신의 스트레스 해소에도 더 좋고, 아들에게도 이로울 것이다.

대중매체 속의 성(性)

미국의 모든 열 살 이상의 소년들은 성적으로 학대를 당하고 있다. 많은 소년들은 초등학교 저학년 때부터 시작해 PG-13 영화(13세 미만은 보호자 동반이 필요한 영화)를 보기 시작한다. 그런 영화들이 10대가 되지 않은 아이들의 흥미를 끄는 요인은 무엇일까? 그것은 물론 섹스이다. 그것도 남편과 아내 사이의 로맨틱한 섹스가 아닌 10대들과 미혼의 젊은 이들 사이의 섹스를 암시한다. 연구들은 매체에서 섹스와 폭력이 함께 나오는 경우가 높다는 것을 밝혔다.

뮤직비디오는 또 어떤가? 심하지 않은 것들도 10대들 사이의 가벼운 섹스를 암시하고 있다. 때로 섹스는 로맨스의 일부로 그려지기도 하고 그렇지 않기도 한다. 하지만 뮤직비디오에서 섹스가 어둡고 폭력적인 것으로 묘사되거나, 화가 나서 또는 아무런 감정 없이 하는 것으로 그려지는 경우도 있다.

수백 명의 소년들이 방문하는 온라인 채팅룸은 성적인 이야기들이 주를 이룬다. 당신의 아들이 이용하는 채팅룸에 한 번도 들어간 적이 없다면 반드시 방문해봐야 한다. 그곳에서 아이들이 사용하는 언어는 상상 이상으로 끔찍하다. 너무나도 모욕적이고 음란하고 품위를 저하시키는 말들이 사용되고 있다.

UCLA의 어린이의학센터의 책임자 퍼트리샤 그린필드는 청소년들에게 인기 있는 인터넷 사이트들을 조사했다. 나는 이 무료 포털 사이트에 가입해서 '10대 전용'이라고 적힌 10대들의 메뉴에 들어갔다. 그곳의 모토는 "너를 보여주고, 네 이야기를 하고, 네 자신의 모습을 드러내"였다.

나는 이곳에서 무엇이 보이고 들리는지를 보고 몹시 큰 충격을 받았다. 먼저 나는 '10대들의 채팅룸'이라는 버튼을 클릭했고, 거기서 개인광고 하나를 발견했다. 분명 이 광고는 10대들을 컴퓨터의 가상현실을 넘어선 성적 유혹에 노출시키고 있었다.

남녀 사이의 성적인 관계를 아무 준비 없이 시작하는 것은 청소년들에게 다소 무서운 경험이 될 수 있다. 몇 살이 되면 다른 사람, 특히 낯선 사람이 주도하는 선동, 특히 성적인 선동에 대해 잘 대처할 수 있느냐 하는 것은 청소년의 발달단계와 관련한 중요한 문제다.

전자매체에서 사용되는 언어는 지저분하기로 악명이 높다. 단순히 야한 것을 넘어서 추잡하다. 열두세 살짜리 소년들은 자신들도 잘 알지 못하는 성적인 어휘를 사용한다.

나는 욕설이 난무하고 서로의 신체부위를 비하하는 말들이 가득한 채팅룸에 들어간 적도 있었다. 내 경험으로 보아, 인스턴트 메시지에서도 성적으로 모욕적인 말들이 쉽게 통용되고 있다. 상대적이거나 완전한 익명성 때문에 전자매체를 통한 대화는 충격을 주는 말과 모욕들로 가득하다. 남자아이들에게 이런 언어의 사용은 자신을 드러내지 않으면서도 과시할 수 있는 방법이다. 아이들에게 온라인상의 대화는 성적인 시험 장소이다. 문제는 그런 대화가 소년들을 비뚤어지게 하고, 스스로를 폄하하는 어두운 세상으로 이끈다는 것이다.

텔레비전 프로그램에 나오는 섹스와 폭력의 빈도와 텔레비전 시청 습관을 조사한 카이저가족재단의 보고서에 따르면, 평균 가족 시청 시간(오후 8시에서 오후 9시)에 방영되는 프로그램에서 성적인 내용은 여덟 번 나온다고 한다. 게다가 1300개의 프로그램을 분석한 결과, '총 프로그램의 50%와 황금시간대 프로그램의 66%가 성적인 내용을 포함하고 있다'라고 한다. 단지 11%의 프로그램만이 성적 행위와 관련한 위험과 책임을 경고하는 문구를 내보냈다. 또한 조사에 응답한 10대들 중 76%는 젊은이들이 섹스를 하는 이유 중 하나가 '텔레비전 프로그램과 영화에서 10대들이 섹스를 하는 것이 더 정상적인 것처럼 여겨지게 하기 때문이다'라고 응답했다.

이 보고서에 있는 다른 결과들을 살펴보도록 하자.

- 1998에는 TV 프로그램 중 56%가 성적인 내용을 담았다.
- 2005년도에는 프로그램 중 77%가 성적인 내용을 담았다.
- 10대들이 좋아하는 상위 20개 프로그램 중 70%가 성적인 내용을 포함하며, 45%가 성적 행위를 보여준다.
- 17세에서 19세 사이의 청소년 중 75%는 텔레비전에 나오는 섹스가 친구들의 성적인 행위에 영향을 미친다고 말한다.
- 텔레비전에서 성교 장면이 묘사되거나 암시될 때, 섹스를 하는 주인공들은 만난 지 얼마 되지 않은 경우가 일반적이다.

텔레비전에 나오는 성적인 내용의 동향을 살펴보면, 그 빈도가 증가했을 뿐만 아니라 강도 역시 심해졌다는 것을 알 수 있다. 성교는 더 노골적으로 그려지고, 오럴 섹스도 자주 암시된다. 내 경험에서 보면, 부모들이나 다른 어른들은 대중매체에 등장하는 섹스보다는 폭력에 대해서 더 걱정한다. 매체에 등장하는 폭력을 싫어하는 것은 정치적으로 바람직하지만, 성적으로 노골적인 대중매체에 대해서 부모들은 어깨를 으쓱할 뿐이고 인권운동가들만이 으르렁거린다. 이유는 모르겠지만 우리는 섹스보다 폭력—결국 섹스는 '자연스러운 것'이고 무해하니까—을 추방하는 것이 합당하다고 스스로 납득시켜왔다. 하지만 의학적인 관점에서 보았을 때, 폭력적인 행동과 성적 행위 두 가지 모두 10대 소년들에게 매우 위험한 행동이다. 그리고 10대 소년들이 성적으로 문란한 것은 절대 자연스러운 현상이 아니다.

지난 70년 동안 혼외정사의 비율이 너무 극적으로 늘어나서, 우리가 정상이라고 여기는 기준이 완전히 정반대가 되었다고 해도 과언이 아니다. 분명 이런 현상에 영향을 미친 요인들은 한두 가지가 아니겠지만, 10대 청소년들에게는 접하는 매체들이 엄청난 영향을 준다는 것이 명백하다. 폭력적이고 성적으로 노골적인 매체를 접하게 되면 공격적인 행동으로 이어질 수 있다. 또한 어린이들과 10대 청소년들은 자신들이 보는 것을 모방한다. 그러므로 아이들이 긍정적인 행동들이 나오는 대중매체를 접하면서 자라게 된다면 그런 행동들이 강화될 것이라고 예측할 수 있다. 부모들은 자신의 아들딸이 대중매체를 이용하는 매 순간마다 성적인 가사, 성적인 장면, 성적인 대화들이 끊임없이 쏟아져 나와 아이들을 공격하는 동안, 하던 일을 멈추고 아이들의 일상을 그리고 아이들은 자신들이 보는 것을 '정상적'이라고 여기면서 따라한다는 사실을 곰곰이 생각해보지 않는다. 하지만 그 결과는 결코 정상적이지 않다. 폭력적이거나 성적으로 문란한 소년들은 우울증을 겪을 위험성이 훨씬 높다. 우리는 이미 미국의 젊은이들 사이에 성병이 급속히 확산했다는 자료를 보았다. 새로운 성병들이 폭발적으로 증가하는 현상은 정상적인 성적 행위에 대한 기준이 변한 것과 관련이 있다.

포르노가 아이들에게 주는 충격

인터넷과 야한 동영상이 등장하기 전에는 10대 청소년들이 《플레이보이》 잡지를 몰래 손에 넣을 계획을 세웠다. 이들은 어른들이 보지 않을 때 잡지를 몰래 훔쳐보고선 침대 아래나 숲 속의 요새에 숨기거나 옷장 속에 감추어두었다. 과거에나 현재에나 10대 소년들은 언제나 섹스와 누드에 매혹되었다. 호기심은 소년들에게 성정체성이 드러나는 과정의 일부이기 때문이다. 그런 행동들은 칭찬받을 만한 것은 아니지만 이해할 수 있는 것이다. 하지만 우리가 어렸을 때 10대를 자극했던 것들은 오늘날 10대들이 접하는 것들과 비교하면 시시한 것들이다. 20년, 30년 전의 《플레이보이》 잡지에서 볼 수 있는 여자들은 혼자 있었다. 그들은 유혹적으로 독자를 바라보고는 있었지만, 성적인 행위를 하고 있지는 않았다. 하지만 지난 수십 년간 《플레이보이》지는 더 선정적인 잡지와 다른 매체들 때문에 뒷전으로 밀려났다. 1985년대에는 성인 어른의 92%가 《플레이보이》 잡지를 17세 때부터 봤다고 한다. 하지만 오늘날 남자아이가 처음으로 포르노를 접하는 평균 나이는 14세다. 게다가 한번 여자의 누드 사진을 보게 되면, 다음에는 성관계를 가지는 장면을 볼 확률이 훨씬 높아진다. 초등학교 3학년과 중학생 사이의 소년들 절반 정도가 '성인용 콘텐츠'가 있는 인터넷 사이트를 방문한 적이 있다고 한다.

내용이 더 선정적일수록 더 심각한 트라우마를 입힐 수 있다. 그런 충격이 트라우마가 아니라고 우리 자신을 속이지 말자. 포르노는 소년들의 자연스러운 성정체성 발달을 엇나가게 하고, 정상적인 발달단계에서 생각지도 못한 비뚤어진 길로 이끈다. 포르노를 보는 어린 소년들은 도덕성을 세우고 용인되는 행동의 기준을 만드는 데 영향을 받는다. 인터넷은 성범죄자를 비롯해 소년들을 먹이로 삼을 준비가 된 유혹자들로 넘쳐난다. 많은 소년들이 호기심에 포르노를 찾아보지만, 그보다 문제가 되는 것은 알지도 못하는 사이에 포르노가 화면에 튀어나오고, 아이들을 유혹하는 것이다. 퍼트리샤 그린필드 박사는 어린이들이 인터넷상에서 포르노에 노출되는 문제에 대한 발표에서 이런 결론을 내렸다. '자료공유네트워크를 포함한 전반적인 인터넷 환경은 어린이들과 젊은이들이 우연히, 의도치 않게 엄청난 양의 포르노와 다른 성인용 매체에 노출되게 만든다.'

포르노가 소년들에게 충격을 줄 수 있고, 노골적인 성행위를 보는 것이 소년들의 성적인 행동을 변화시킨다는 연구결과가 있다. 예를 들어 성적인 내용을 보는 것(포르노가 아니더라도)은 남자 대학생들이 성적이든 그렇지 않든 여성들에게 폭력을 사용하는 것을 훨씬 더 많이 용인하도록 만드는 것으로 나타났다. 그리고 많은 사람들이 생각하는 것과는 달리 성적인 영상을 본 것을 떠올릴 때, 그들의 기억은 압도적으로 부정적이었다. 그들의 반응은 (가장 빈도가 높은 것에서 드문 것 순으로) 혐오감, 충격, 민망함, 분노, 두려움, 슬픔이었다. 흥미로운 것은 그런 기억을 떠올릴 때 성적으로 흥분되는 반응은 아주 적었다는 점이다. 하지만 내가 만났던 거의 대부분의 부모들은 성적인 매체와 남자아이들에 대한 이야기를 할 때 고개를 저으면서 웃었다. "결국 그냥 섹스인걸요. 아이들이 관심이 있는 건 당연하죠. 언젠가는 다 할 일이고."

안타깝게도 그런 언급은 소년들과 섹스에 관한 부모들의 무지를 드러내준다. 소년들은 느끼고 생각하는, 영혼이 있는 존재이다. 그리고 건강한 성정체성은 너무 이른 나이에는 만들어질 수 없다. 또한 인위적으로 흥분하고 즐거움을 얻는 것에서도 만들어질 수 없으며 문란한 것이 아니다. 사실 아이들도 마음 깊은 곳에서는 이것을 알고 있다. 하지만 부모들은 아이가 포르노와 대중문화의 영향에 노출되도록 내버려둔다. 그렇게 해서는 안 된다.

나는 미국 전역을 돌아다니며 10대 청소년들을 대상으로 섹스와 섹스에 따른 의학적 위험에 대해 강연하고 있다. 중고등학생 소년들은 내가 성병의 위험성에 대해서 말할 때보다 혼외 성관계와 관련한 정신적 대가에 관해서 이야기할 때 자세를 고쳐 앉고 적극적인 태도를 보였다. 여자아이들은 이런 상실감에 대해서 말로 표현하는 반면 남자아이들은 말하지 않는다. 하지만 남자아이들도 여자아이들과 마찬가지로 마음 깊이 느끼고 있었다. 게다가 성관계를 함으로써 얻는 감정적인 상실감은 소년들이 예상했던 것이 아니었다. 소년들은 섹스가 감정적으로 상처를 줄 수 있다는 것에 대해 한 번도 들어본 적이 없다. 포르노는 정확히 그 반대를 가르친다. 그럼에도 부모들은 전자매체가 우리 아들에게 섹스에 대해 거짓말을 하도록 내버려둔다. 그리고 그 대가를 치르는 것은 우리 아이들이다.

우리가 보는 TV 프로그램은 우리 자신이다

10대 소년들과 텔레비전에 관한 재미있는 사실 하나는 아이들이 종종 부모와 함께 텔레비전을 본다는 것이다. 따라서 많은 부모들에게 중요한 과제는 10대 아이들이 어떤 프로를 보는지 감시하는 것이 아니라, 부모 자신이 보는 프로그램을 잘 선택하는 일이다. 물론 시간 낭비라고 생각할 수도 있다. 10대 자녀들이 일상에서 부모와 함께 보내는 시간은 놀라울 정도로 적다. 아들과 같이 텔레비전을 보면서 얼마나 의미 있는 대화를 할 수 있겠는가? 아들과 야구경기를 TV로 함께 시청하는 것도 좋겠지만, 아들을 실제 야구장에 데려간다면 얼마나 더 많은 이야기를 나눌 수 있고, 얼마나 더 좋겠는가?

하지만 TV를 함께 보는 경우라면 부모의 참여는 엄청나게 중요하다. 특히 부모가 자신의 욕구보다 자녀들의 시청권을 우선으로 둔다면 더욱 중요해진다. 부모가 아들의 나이에 적절한 프로그램을 선택하거나 옛날 영화를 틀고 팝콘을 준비한다면, 아이들은 재미있는 시간을 보낼 수 있을 것이다. 반면에 부모가 자녀가 좋아하는 것보다 자신이 좋아하는 프로그램을 보기로 선택할 경우, 아들에게 해로울 수 있다. 이유는 다음과 같다.

어린 소년이 TV에서 자신이 감당하기 어려운 섹스와 폭력을 보게 된다면 정신적인 외상을 입을 수 있다. 게다가 부모의 허락 아래 그런 일이 생겼을 경우 아이의 혼란은 가중된다. 아이는 부모를 자신에게 좋은 것을 주는 사람으로 생각한다. 그런 부모가 자신에게 불안하고 마음을 불편하게 하는, 심지어 화나게 하는 것을 준 것이다. 어린 소년들은 발달단계상 자기중심적이기 때문에 불편함을 느낄 때 다른 사람, 특히 부모를 탓하기보다는 자기 자신을 탓한다.

많은 부모들이 아들을 R등급(준성인용, 17세 미만은 보호자의 동반이 필요한 영화―옮긴이) 영화에 노출시키는 것을 합리화한다. 그 영화들 중에서 어떤 것들은 작품성이 있는 영화라고 하거나, 영화를 보고 마음을 불편하게 하는 것들에 대해서 토론을 할 수 있다거나, 영화를 보고 어떤 것이 옳고 그른지 배울 수 있다고 말한다.

그렇게 하지 말라. 노골적인 섹스와 폭력이 나오는 장면들은 당신 아들의 정신과 마음에 상처를 입힌다. 그것을 막기 위해서 노력하라.

전자기기와 맺는 관계

우리가 자랄 때에는 전자기기와 친밀한 관계를 맺는 일은 없었다. 하지만 이제는 많은 젊은이들이 휴대폰, 인스턴트 메시지, 그 밖의 전자기기를 통해 의사소통한다. 인간관계를 돈독히 하는 데 도움이 되지 않는다는 것이다. 그것들은 인간관계를 일그러뜨린다. 컴퓨터 스크린이나 휴대폰을 사용할 때 사람들은 직접 만나면 하지 않을 말들을 하거나 문자메시지를 보낸다. 인스턴트 메시지는 대단히 비인간적이라서 말을 축약시켜버리면서 의사소통의 격을 떨어뜨리는 역할을 한다. 채팅룸은 10대들이 새로운 가상의 인격을 만들어서 실제 만남이라면 말하지 않을 것들을 말하게 하고, 때로는 더 어두운 세상으로 향하게 한다.

어느 월요일 아침이었다. 조지의 엄마 샌드라가 진료실에 세 번이나 전화를 했다. 비서는 그녀가 공황상태에 빠진 것 같다고 말했다. "조지에게 중독 문제가 있는 것 같아요."

나는 가슴이 철렁 내려앉았다. 나는 조지가 자라는 것을 지켜봤고 어린 소년이었을 때 조지는 조용하고 매우 수줍음이 많은 사랑스러운 아이였다. 10대에는 큰 문제 없이 고등학교 시절을 보냈다. 이제 와서 뭐가 잘못될 수 있을까? 마약인가? 술? 포르노?

"아니에요." 그의 엄마가 말했다. "다른 거예요."

30분 동안 샌드라는 조지에게 생긴 매우 충격적인 행동패턴에 대해 설명했다. 그는 대학에 들어간 지 1년 만에 학교를 그만두었다. 그가 설명한 바로는 '애들이 거만'하기 때문이라는 것이었다. 조지의 부모는 실망했지만 어쩌면 조지에게 시간이 더 필요한 것이라고 생각했다. 그 후 조지는 부모와 함께 살았고, 커피숍에서 아르바이트를 했다. 그리고 근처에 있는 커뮤니티칼리지에서 몇 과목을 수강했지만, 몇 달에 걸쳐서 수업 하나를 그만두고, 다음에 또 하나를 그만두었다. 조지는 점점 더 많은 시간을 자신의 방에서 보내기 시작했다. 커피숍 아르바이트를 그만두고 고급 레스토랑에서 웨이터 아르바이트를 했지만 두 달 후에는 또 다른 곳으로 옮겼다.

"지금은 일도 전혀 안 해요. 조지는 게으른 아이가 아니지만, 그만둘 이유가 계속 생겨요. 그 아이가 원하는 건 그저 방에 앉아서 컴퓨터 게임을 하는 거예요."

나는 좀 더 자세하게 물었고, 조지가 온라인 전쟁 게임을 하고 있으며 그 게임 속에서 자신이 원하는 캐릭터가 될 수 있다는 것을 알아냈다. 그는 자신의 성격, 키, 체격을 만들어낼 수 있었다. 그는 온라인에서 다른 사람들과 '대화'를 했다. 하지만 그들은 실제 자신으로 대화를 한 것이 아니라, 그들이 만들어낸 가공의 인물로서 대화를 나눴다. 조지는 매일 이 허구의 온라인 세상에서 많은 시간을 살았다. 부모가 게임을 그만두라고 말하자 적대적으로 반응했고, 심지어 공격적인 모습까지 보였다. 하지만 조지의 부모는 포기하지 않았다. 한번은 조지가 게임을 멈출 수 없다고 말하면서 울음을 터뜨렸다고 했다. 게임 속 사람들은 그를 있는 그대로 받아들여주고 사랑해주는 유일한 사람들이라고 했다. 그는 게임 속에서만 완전한 안정감을 느끼는 것 같았다. 그의 부모는 너무 놀라서 어찌할 바를 몰랐다.

나는 먼저 조지에게 정신적인 질환이 전혀 없었다는 것을 말해두고 싶다. 정신의학적 관점에서 봤을 때, 조지는 현실과 가상의 차이를 알고 있었다. 진짜로 망상에 빠진 것도 아니었고 정신병자도 아니었다. 예전에도 그런 적은 한 번도 없었다.

엄마가 조지가 온라인 게임을 하는 시간을 제한하는 일은 마치 약물중독자에게서 헤로인을 뺏으려는 것과 같았다.

조지의 이야기는 드문 일이 아니다. 조지는 항상 수줍어하고 내성적이었고, 대인관계에 서툰 아이였다. 하지만 늘 억지로라도 친구들과 대화를 나누고 다양한 스포츠 팀에서 다른 소년들과 어울리려고 애썼다. 고등학교를 졸업하고 함께 어울리던 친구들이 떠났고 조지는 대학에 갔다. 조지는 새로운 친구들을 사귀려고 했지만, 예전보다 더 어색하게 느껴졌다. 조지는 대기자 명단에 있다가 대학에 합격했고, 그래서 항상 자신이 다른 아이들보다 똑똑하지 않다고 느꼈다. 조지가 기숙사에서 만난 한 친구가 그 온라인 전쟁 게임을 알려줬는데, 그는 즉시 게임에 빠져버렸다고 했다. 조지는 온라인 세상에 있는 동안은 마치 집에 온 것처럼 편안해진다고 말했다.

조지는 정말로 중독되었다. 그에게 게임은 마약처럼 기분을 좋게 해주는 물질 역할을 했다. 게임은 조지의 '친구'였다. 마치 알코올 중독자에게 술이 그렇듯, 마약 중독자에게 마약이 최고의 친구가 되듯이. 게임을 할 때 조지는 삶의 문제로부터 벗어나 자유로움을 느낄 수 있었다. 적어도 게임을 하는 몇 시간만큼은 삶이 그렇게 나쁘지 않다고 느꼈다. 조지는 솔직하게 자신이 느끼는 자유로움이 완전히 만족스러운 것은 아니라고 인정했다. 종종 약간 메스꺼웠고, 특히 아주 오랜 시간 게임을 한 후에는 더욱 그렇다고 했다.

조지의 부모는 그를 중독 전문가에게 데리고 갔다. 조지에게 제일 먼저 필요한 것은 자신의 중독과 직면하는 것이었다. 그것은 조지에게 가장 큰 장애물이었다. 조지는 아무에게도 해를 끼치고 있지 않다고 주장했지만 분명 그는 스스로를 해치고 있었다.

다음 단계는 조지의 노트북을 없애는 일이었다. 처음에 그들은 몹시 당혹스러워했다. 말도 안 될 정도로 가혹한 처사였다. 그들은 어쨌든 조지가 어엿한 성인이므로 그러기는 힘들다고 말했지만 결국 상담가의 조언을 따르기로 했다.

조지는 심하게 화를 냈고, 집을 나가 룸메이트와 같이 살았다. 하지만 겨우 한 달 후에, 룸메이트와 계속 싸운다면서 집으로 돌아왔다. 그 후 몇 달간 조지가 집에서 지내는 동안 집에는 심각한 긴장감이 맴돌았다. 하지만 조지는 결국 중독 상담가로부터 도움을 받아서 '자신의 삶을 정리'하는 데 동의했다. 부모님이 조지가 집에서 노트북을 사용하지 못하도록 엄하게 반대한 덕분에—그렇지 않았다면 그는 불건전한 생활을 마음껏 했을 것이다—마침내 조지는 게임이 자신의 삶을 방해하고 있다는 것을 깨달았다. 조지는 자신의 중독을 직시하는 데 한 걸음 더 가까이 다가갔다.

결국 조지는 게임이 자신의 삶, 자기 자신, 특히 대인관계의 어색함을 피하기 위한 쉬운 방법이었다는 걸 깨달았다. 그는 사람들과 만날 때 수줍었고 불안했다. 그렇기 때문에 끔찍한 외로움을 느꼈다. 조지는아무도 자기와 함께하고 싶어 하지 않는다고 믿었다. 하지만 게임은 그에게 친구를 만들어주었기 때문에, 비록 '가상현실' 속의 친구일지라도 반갑게 받아들였다.

기쁘게도 이제 조지는 자신의 삶을 훨씬 즐겁게 느끼고 있다. 조지는 전자기기가 가진 힘의 위험성에 대해서 깊이 이해하고, 정말로 필요한 경우가 아니라면 알코올 중독자들이 술을 피하듯이 전자기기를 피하고 있다. 게임을 하고 싶어지면 그는 건설적인 방향으로 생각을 돌려서 친구에게 같이 풋볼을 보러 가자거나 하키를 하자고 말한다고 했다.

소년들은 정서적인 유대감이 필요하다. 부모와 친구들 사이의 유대감 말이다. 또한 건강한 정서적 발달을 위해서, 그 관계들은 '가상'이나 전자기기를 통한 것이 아니라 직접 얼굴을 마주보는 것이어야 한다. 전자매체는 마음대로 행동할 수 있다는 이유로 소년들을 유혹한다. 채팅룸에 있는 누군가가 마음에 들지 않는 이야기를 한다면, 채팅룸에서 나가면 된다. 비디오 게임에서 지면 꺼버리고 다시 시작하면 된다.

하지만 실제 친구들과 있을 때는 완벽한 통제란 불가능하다. 친구들은 웃고, 다투고, 자신의 의견에 반대한다. 소년은 어려움에 직면하면 해결책을 찾아야만 하고, 이를 통해 성숙해진다. 소년들에게는 이렇게 주고받을 수 있는 친구 관계가 필요하다. 또한 자신을 사랑하는 부모님과 형제자매, 친구들의 지지가 필요하다. 만약 그런 관계를 형성하지 못한다면, 감정적인 삶은 시들고, 심지어 정신적 건강마저 잃을 수 있다. 그러므로 아들이 당신과 더 많은 시간을 보내고, 컴퓨터 스크린이나 텔레비전 화면 앞에 있는 것보다 더 많은 시간을 자연과 실제 세상에서 보내게 하라.

제5장

남성호르몬을
어떻게 다스릴까?

오늘날 미국에는 10대 청소년, 특히 10대 소년들에 대한 상당한 반감이 곳곳에 만연해 있다. 심지어 '10대'나 '청소년기'라는 말은 '몹시 불쾌한, 통제 불능, 무례한, 부모에게 반항하는'이라는 말들과 같은 의미로 여겨진다.

옥외 광고판에서 시큰둥한 표정을 한 소년들의 모습을 본 적이 있을 것이다. 그들은 좀처럼 웃지 않는다. 때로 광고에서 보이는 청바지 모델 소년은 일종의 위협적인 성적 매력을 보여주려고 한다. 때로는 반항적인 10대 소년의 모습을 보여주면서 약물금지 캠페인을 하기도 한다. 많은 경우 10대 소년들은 문제를 일으키는 존재라는 메시지가 여기저기에 퍼져 있다. 대중문화는 10대 청소년들이 좋아할 만하다고 생각되는 저급한 취향에 맞춰서 상품을 만들어낸다(그러면서 10대들의 품위를 떨어뜨리기 위해 할 수 있는 모든 일을 하고 있다). 부모들은 대중문화가 자녀들을 공격하고 있다는 것을 알지만, 어쩔 수 없다고 느낀다. 결국 청소년기란 원래 인생에서 추한 시기라고 스스로를 위안한다. 특히 남자아이들은 통제 불능이 되며, 우리는 그저 이 시기가 지나가기를 기다려야 한다고 말이다. 우리는 청소년기의 독이 빠져나갈 때까지(어쩌면 몇 년이 걸릴지도 모른다), 아이들의 뇌세포가 완전히 발달할 때까지, 이들이 정상으로 돌아갈 때까지, 그저 이 아이들을 사랑하고, 대화를 나누려고 노력하고, 인내심을 길러야 할 것이다. 당분간은 그저 아이들을 견뎌낼 수밖에 없다.

잠시 자신을 10대 소년이라고 상상해보라. 10대 소년들은 반항적이고 골칫거리이며, 이들이 모이면 한 무리의 위험한 늑대가 될 수 있다는 메시지들이 여기저기서 끊임없이 들린다. 스스로는 어떤 느낌이 드는가? 같은 생각인가? 당신은 정말 그런 10대인가? 수업시간에 자리에 앉아서 복도에서 친구들을 때려눕힐 생각만 하는가? 아니면 마약 거래나 주말에 있을 파티에서 술에 취할 생각을 하고 있는가? 아마 아닐 것이다. 하지만 자신이 곱지 않은 시선을 받는다는 걸 잘 알 것이다. 왜냐하면 당신은 10대이고, 특히 남자아이니까.

어쩌면 당신은 다른 부류의 10대일 수도 있다. 당신의 부모는 마약이나 술에 대한 걱정은 하지 않을 것이다. 하지만 당신이 삶에서 앞서 나가야 한다고 압력을 줄 것이다. 학교 풋볼 팀에서 가장 빠르고 가장 나이 어린 쿼터백이 되어야 하고, 수학을 제일 잘하거나 가장 뛰어난 피아니스트, 반장 등 스타가 되기를 바랄 것이다. 당신은 반항하는 10대처럼 행동한다면, 적어도 아버지에게 당신이 뭔가 불만스러워한다는 것을 전할 수 있다고 생각한다.

하지만 당신은 재빨리 생각을 바꿀 것이다. 아니다. 광고에 나오는 남자애처럼 하는 건 도움이 되지 않아. 그건 부모님이나 선생님들이 생각하는 대로 10대 소년들은 통제 불능이라는 것을 확인시켜줄 뿐이다. 당신은 부모님과 선생님들이 역시 그동안 가져왔던 자신들의 생각이 옳았다고 흡족해 하는 모습이 보고 싶지 않다. 따라서 당신은 그런 남자가 되지 않을 것이다.

부모들은 10대 소년들이 위험한 행동을 할 때마다 피어 프레셔를 탓한다. 이제껏 그렇게 들어왔기 때문이다. 친구들이나 또래 아이들의 모임으로부터 받는 압력 때문에 소년들은 무슨 짓이든 할 수 있고, 심지어 단 한 명의 나쁜 친구로부터도 쉽게 영향을 받는다고 말이다. 왜냐하면 10대 소년들은 자신의 정체성을 성립하려고 하고, 친구들 사이에서 인정받고 싶어 하며, 호르몬이 끓어오르기 때문이다.

그렇다면 부모는 어떤 역할을 해야 할까? 자기 아들이 다른 아이들에게 휩쓸리지 않을 만큼 단호하고 강한 아이가 되도록 가르쳐야 한다. 아이는 술에 취한 친구들의 무리에서 스스로 걸어 나올 수 있어야 한다. 또한 여자 친구들(성적으로 대담해진)의 유혹을 거절할 힘이 있어야만 한다.

하지만 아이들이 위험한 행동을 하는 것이 전부 친구들 때문이라는 생각이 전적으로 옳은 건 아니다. 물론 우리는 소년들이 위험한 친구들과 떨어져서 안정된 길을 가고, 강인하고 특별한 정체성을 갖고, 훌륭한 품성을 가진 성인이 되길 바라며, 또 그렇게 가르쳐야만 한다. 하지만 대부분의 부모들은 소년들이 애초에 왜 문제를 일으키는지에 대해서는 완전히 잘못된 생각을 갖고 있다. 소년들을 마약과 술, 우울증으로 내몰고, 학업에서 낙오되거나 학교를 그만두게 만드는 것은 친구들의 압력이 주된 이유가 아니다.

진짜 이유는 '부모들이 10대 소년들에 대한 기대치를 낮추었다'는 사실에 있다. 우리는 10대 소년들이 성적인 행동을 하는 것이 통제 불능이라는 생각을 그대로 받아들인다. 또한 아이들이 섹스로 도배된 매체들로부터 폭격당하는 것을 내버려두고, 10대들이 무례하고 무뚝뚝하고 공격적이기 쉽다고 생각한다. 그리고 아이들이 많은 시간을 대중매체(랩 음악에서부터 폭력적인 비디오 게임, 불쾌한 내용의 시트콤까지)와 함께 보내도록 놔두어서 아이들을 더 무례하고 더 무뚝뚝하게 만들며, 공격적인 행동을 강화시킨다. 우리는 아이들이 지닌 도덕적인 관념이 테스토스테론을 이기지 못할 거라는 생각을 쉽게 받아들이고는 아이들에게 도덕성이나 종교에 대한 것은 전혀 가르칠 생각을 하지 않는다. 그런 것들에 대해 이야기하는 것은 불편하며, 우리의 생각을 자녀들에게 강요하고 싶지 않기 때문이다. 사실 우리는 10대들이 침울해하거나, 짜증을 내거나, 부모에게 반항하는 행동들이 청소년기의 일부라고 여긴다. 하지만 그게 정상적인 것은 아니다.

청소년 심리학 및 정신의학에서 세계적으로 권위 있는 전문가들 중 상당수가 우리가 '청소년기'라고 부르는 이 시기가 다분히 미국적인 현상이라고 주장한다. 미국을 비롯해 부유하고 산업화된 사회에서만 존재하는 현상이라고 말이다. 저명한 아동심리학자인 브루노 베틀하임 박사(Dr. Bruno Bettelheim)는 '청소년기'는 신이 만든 발달단계도 아니고, 우리 본성에서 나오는 것도 아닌, 근대적 사회 환경이 만들어낸 결과물이라고 말했다. 하지만 이 사실을 알고 있는 부모들은 거의 없다.

물론 소년들은 사춘기에 매우 중요한 육체적·감정적·인지적 변화를 겪는다. 이런 변화들은 소년들을 불안과 혼란의 시기로 몰아넣는다. 하지만 나이를 감안하고 보면, 비슷한 일이 걸음마를 시작하는 아이들에게도 일어난다는 사실을 알 수 있다. 사실 네 살짜리 남자아이가 화를 터뜨리는 일은 아이의 몸이 해낼 수 없는 일을 하고 싶어 하는 지적·감정적 욕구에서 비롯되는 것이다. 바로 이런 현상은 열여덟 살 소년이 좌절감을 느끼고 분노하는 경우의 많은 부분을 설명해준다.

청소년기의 감정은 훨씬 더 복잡하고 강렬하다고 반박하는 사람들도 있을 것이다. 실제로도 그렇다. 하지만 소년의 나이와 능력을 감안하면, 아이가 느끼는 좌절감과 그 이유들은 네 살짜리 아이의 경우와 같다.

지난 40년간 10대 청소년에 대한 심리학적, 의학적 연구는 급격하게 늘어났다. 우리에게 도움이 될 만한 연구결과들을 살펴보자.

우울한 아이들

기분을 수치화하는 것은 쉽지 않다. 설명하는 것은 더욱 어렵다. 그럼에도 우리는 우울증을 겪는 남자아이들의 비율이 20~30년 전보다 높아졌다는 것을 알고 있다. 그리고 남자아이들이 우울증을 앓는 비율은 여자아이들과 비교했을 때 훨씬 낮다는 사실 또한 알고 있다. 우울증의 증가는 성병의 높은 발병률과 관련이 있는 것으로 보인다. 10대에 성행위를 하는 것이 우울증 발병 가능성을 높인다는 연구결과도 나와 있다. 대부분의 남자아이들(그리고 여자아이들)은 청소년기를 꽤 잘 견디지만, 10대들 사이의 우울증은 심각한 문제이다. 안타깝게도 10대들이 우울증에 시달릴 때 부모가 제대로 알아차리지 못하기도 하고, 심지어 의사들도 오진하는 경우가 종종 있다. 우울증이 어떤 것인지 알아보기 위해서는 정상적인 10대 소년들의 행동들뿐만 아니라, 다른 문제행동들과 우울증을 구별할 수 있어야 한다. 예를 들어 우울장애의 한 범주에 속하는 기분저하증이라는 병이 있으며, 반항성 장애라고 알려진 것도 있다. 이런 병들은 심각한 임상우울증과 일반적인 10대 청소년의 행동과는 구분

된다. 아래의 자료에서 확인해보자.

심각한 우울장애

아래의 증상 중 최소 다섯 가지 증상이 2주 이상 지속되는 경우

- 우울하거나 짜증스러운 기분
- 식욕이나 체중의 변화
- 수면 패턴의 변화
- 활동성의 변화
- 집중력 장애
- 무가치함 또는 죄책감을 느낌
- 죽음이나 자살에 대한 생각이 계속 떠오름

기분저하증

아래의 증상 중 최소 두 가지 이상이 두 달 이상 지속되는 경우

- 기분이 울적하고 깊은 슬픔을 느낌
- 평소에 좋아하던 활동들에 흥미를 잃음
- 식욕부진
- 짜증이 늘어남
- 시비를 거는 경향이 늘어남
- 기력 저하 및 피곤함
- 수면장애
- 집중력이 떨어짐

- 무력감
- 무가치함이나 죄책감을 주기적으로 느낌
- 결정을 내리는 데 어려움을 겪음

반항성 장애

부정적·반항적·적대적인 행동이 6개월 이상 이어지며, 아래의 증상 중 최소 네 가지를 보일 경우

- 어른들과 자주 갈등을 일으킴
- 자주 버럭 화를 냄
- 일부러 사람들을 짜증나게 함
- 자신의 잘못이나 잘못된 행동에 대해 종종 다른 사람을 탓함
- 자주 과민반응을 보이며 다른 사람들을 보고 쉽게 짜증을 냄
- 자주 화를 내고 억울해함
- 어른들에게 순응하길 거절하거나 종종 적극적으로 반항함
- 자주 악의적으로 굴거나 앙심을 품음
- 의사소통에 장애가 있음
- 육체적인 공격성
- ADHD(주의력 결핍 및 과잉행동장애)에 수반되는 우울증

정상적인 10대의 행동

- 독립성에 관한 문제로 자주 논쟁을 일으킴
- 가끔씩 성질을 부림
- 침울함

- 시무룩함
- 피로감이 늘어남(보통 충분한 수면시간 부족으로)
- 가족들보다 친구들과 시간을 보내는 데 더 관심을 가짐

이런 자료를 통해서 우울증을 자가 진단하라는 것은 아니다(우울증 진단은 환자를 면밀히 살펴 검사하는 의사만이 내릴 수 있다). 내가 말하고자 하는 것은 많은 사람들이 정상적인 10대 청소년의 행동이라고 여기는 것들이 사실은 정상적이지 않다는 것이다. 또한 우리가 대중문화로서 받아들이는 많은 것들이 사실은 아주 유해하며 10대 청소년들을 병적인 행동과 상태로 몰아간다는 것을 말하고 싶다.

자녀가 우울증을 앓고 있다면 도움을 받아야 한다. 우울증은 심각한 병이고, 우울증을 겪는 소년들은 자살을 하거나 다른 사람을 해칠 가능성이 훨씬 높기 때문이다. 경험에 의하면 10대 소년들은 우울증에 대해서 도움 받는 것을 꺼린다. 또한 아버지가 아들의 우울증 치료를 내켜 하지 않는 경우도 많다. 항우울제는 남용되거나 과다 처방될 위험성도 있지만, 필요할 경우에는 도움이 된다. 아들에게 도움이 필요할 때, 아이의 자존심—또는 부모의 자존심—때문에 치료를 받지 못하는 일은 없어야 한다.

다행스러운 것은 10대 자녀가 기분저하증이나 반항성 장애를 보일 때 부모가 정상적으로 여기는 경우는 종종 있지만, 심각한 임상우울증을 앓을 때 정상적인 행동으로 받아들이는 경우는 많지 않다는 것이다. 하지만 10대 소년이 거짓말을 하거나, 몇 시간이나 자기 방에 숨어 있거나, 적대적인 행동을 보이거나, 친구들이나 가족들에게 폭력까지 행사하는 것은 정상적인 행동이 아니다. 오늘날 10대들 사이에는 이런 행동들이 널리 퍼져 있지만 이런 행동들은 뭔가가 그들을 괴롭히고 있다는 것

을 보여주는 위험신호이다. 도움을 구하는 외침인 것이다. 우리가 그 신호들을 '정상적인 것'으로 생각하고 그냥 넘겨버린다면, 아이들은 엄청난 피해를 입을 수밖에 없다.

인지발달상의 성숙도

최근의 청소년 뇌 연구에서 발견된 사실들, 특히 남자아이들 대부분이 20대가 되기 전까지는 인지적으로 완전히 성숙하지 못한다는 사실은 많은 부모와 교육자들에게 깊은 안도의 숨을 쉬게 했다. 전미정신건강협회(National Institute of Mental Health)의 제이 기드 박사(Dr. Jay Giedd)에 따르면, 청소년기에는 뇌가 발달상의 많은 변화를 겪기 때문에, 청소년기의 활동은 뇌의 조직이 형성되는 모양에 영향을 미칠 수 있다고 한다. 청소년들은 생각을 정리하는 법을 배우고, 추상적인 개념을 이해하고 충동을 억제하면서, 뇌를 운동시키고 신경발달에 영향을 미칠 수 있다. 기드 박사는 "청소년기는 뇌가 촘촘한 조직을 만드는 시기이다. 스포츠나 악기 연주, 수학문제 풀기를 위한 뇌를 원하는가, 아니면 텔레비전 앞의 소파에 누워 있기에 적당한 뇌를 원하는가?"라고 질문한다.

구체적인 연구결과를 살펴보면, 뇌의 각 부분은 성숙하는 속도에 차이를 보인다는 것을 알 수 있다. 예를 들어 뇌의 앞부분인 전두 피질은 판단, 감정조절, 절제를 주관한다. 많은 남자아이들이 20대 초반이 될 때까지는 이 부분이 완전히 발달하지 않는다고 한다.

두 개의 뇌를 연결하는 부분인 뇌량은 지능, 자기인식, 의식을 담당하는데, 대부분의 남자아이들은 20대에도 여전히 발달이 진행된다. 측두

엽은 뇌의 양 옆에 있는 부분으로(관자놀이 옆), 감정적인 성숙을 다룬다. 남자아이들의 경우 이 부분은 열여덟 살 때까지 활발하게 발달한다. 하지만 성인이 된 초기에도 발달이 진행되며 이후에 완성에 이른다. 새로운 뇌 연구결과들은 부모와 교육자들에게 10대 남자아이들은 아직 발달이 진행되고 있는 단계이고, 여전히 성숙한 결정을 내리거나 충동을 억제하는 방법을 배우는 단계라는 것을 알려준다. 또한 그런 자질을 형성하는 데 부모와 교육자들이 결정적인 역할을 할 수 있는 시기라는 것을 알려준다.

하지만 뇌 사진으로 우리가 발견하는 것에는 한계가 있다. 10대의 뇌 사진을 기초로 해서 우리 아들의 행동을 설명할 수는 없으며, 이 행동을 예측할 수도 없다. 뇌 연구를 신뢰하는 교육자들은 이런 위험성을 잘 알고 있고, '뇌 기반 교육(brain-based education)'이라는 용어를 사용하여 뇌 연구의 절대성을 경계한다. 부모들이 "이제 왜 소년들이 충동적이고 반항적이고 미성숙하고 통제 불능인지 알게 됐어. 아이들의 신경발달이 완성되지 않았기 때문에 충동을 억제하지 못하고 소리를 지르고 미성숙한 결정을 내리는 거였군"이라고 결론을 내리는 것은 위험하다. 그것은 지나치게 비약적이고, 잘못된 생각이다. 왜냐하면 그런 논리는 마음과 뇌를 동일시하는 것이기 때문이다. 뇌가 소년들의 행동에 영향을 미치는 아주 중요한 기관이긴 하지만 마음은 뇌와 다르며 감정 변화, 삶의 경험, 개인적 신념과 의견, 사랑하는 사람들의 행동 등에 의해 영향을 받을 수 있는 신비한 부분이다.

하버드 대학교의 '마음, 뇌, 교육 프로그램'의 커트 피셔 박사(Dr. Kurt Fisher)는 부모와 교육자 들에게 10대 소년의 뇌에 대한 새로운 발견들을 균형 있는 관점으로 봐야 한다는 '현명한' 경고를 했다. 그는 21세기

초에 우리가 이해하는 신경과학에는 한계가 있다고 주의를 준다. 사실 그 한계는 모든 부모들이 쉽게 알아차릴 수 있는 것들이다. 당신의 아들이 뇌가 형성되는 모양에 따라서 다르게 움직이는 꼭두각시라고 생각하는가? 아니면 자기 고유의 성격과 특성이 있는 완전체로서 남자아이인가? 아이들을 키우는 어머니이자 소아과 의사로서 나는, 뇌의 발달이 아이의 전부는 아니라는 것을 알고 있다.

뇌에 대한 생물학적 발견에 집요하게 매달리고 싶어 하는 사람들도 있을 것이다. 어떤 사람들에게는 과학이 모든 것을 설명해주는 것일 수 있기 때문이다. 그들은 철학과 종교를 제쳐두고, 도덕성을 원자로 쪼개버리고 싶어 한다. 그들이 생각하기에 과학은 진실의 보루이며 반박할 수 없는 것이다. 하지만 그것은 극단적인 관점이다. 대두분의 소년들, 부모들, 교육자, 의사, 과학자들은 뇌에는 뇌 조직이나 뉴런 이상의 것들이 있다는 것을 알고 있다. 테스토스테론, 에스트로겐, 신경화학물질이 10대 소년의 뇌를 감싸고 있으며, 두개골 안과 인간의 심장 사이 어딘가에 마음이라는 것이 있다. 이것은 변화할 수도 있고, 다른 것들로부터 영향을 받기도 하며, 보호될 수도 있고 통제되기도 한다. 여기에 아주 무서운 진실이 숨어 있다. 누가 감히 이 복잡한 내적 활동 영역에 들어가려 하겠는가? 몇몇 사람들이 아들의 행동에 대해서 정신과학적 설명을 원하는 진짜 이유는 결국 그것이 우리의 짐을 덜어주기 때문일 것이다. 그런 설명은 우리의 삶을 훨씬 쉽게 만들어준다. 10대의 뇌가 모든 것을 통제하는데, 대체 어느 누가 10대 소년이 집중력을 키우고 스스로를 통제하는 데 도움을 주려 하겠는가?

아들과 부모의 관계에서 부모는 아이의 마음을 감싸주고 아이에게 영향을 미칠 수 있으며, 아이가 결정을 내리고 어떻게 생각하고 느껴야 하는지를 도와줄 수 있다. 우리가 그렇게 할 수 있는 이유는 아이의 마음이 뇌 이상의 것이기 때문이다. 당신의 아들은 그것을 알고 있다. 우리도 알고 있다. 또한 과학적인 자료들이 그것을 뒷받침해주고 있다. 뇌의 발달이 모든 것을 설명하지는 못한다.

위험한 행동에 뛰어들려는 10대의 충동을 억제하도록 도와주는 것은 무엇일까? 그것은 소년을 감정적·지적·정신적·육체적으로 가능성이 무한한 존재로 봐주는 부모, 교사, 목사, 코치와 같은 어른들이다.

그렇다면 한 가지 의문이 생긴다. 당신이 새로 뽑은 자동차의 운전석에 아들이 오를 때, 아이에게 책임을 물을 수 있는가, 혹은 그렇지 않은가? 혈관과 뇌액에 흐르는 테스토스테론의 수치가 아들이 자동차를 몰고 나가서 미친 사람처럼 운전하게 만드는 것일까? 물론 테스토스테론이 에너지와 공격성을 밀려들게 하는 것은 맞다. 아들이 화가 났을 때, 테스토스테론은 아이를 더 화나게 만들고, 심지어 격분하게 만들 수도 있다. 하지만 문제는 그게 아니다. 문제는 뇌 발달의 복합성, 테스토스테론 수치의 변화, 심리적인 욕구들에도 불구하고, 실제로 운전에 책임이 있는 것은 누구인가 하는 것이다. 남성호르몬이 범인인가? 아니면 당신의 아들? 아니면 당신?

10대의 뇌에 대한 연구결과를 통해서 우리는 아이가 완전히 어른처럼 행동하는 것이 불가능하며, 지속적인 뇌의 훈련이 필요하다는 것을 알 수 있다. 그 과정에는 많은 노력이 필요하며 아이가 어떤 도움을 받느냐에 따라 발달과정이 달라질 수 있다. 아이는 자신의 행동, 충동, 생각에 대해 책임지는 법을 배울 수 있고, 심지어 자신의 기분까지 책임지는 법을 배울 수도 있다. 사실, 우리가 생각하는 것보다 훨씬 많은 행동들을 조절할 수 있다. 그리고 그 방법을 알려주는 것이 부모의 역할이다.

제6장

격려, 통제, 경쟁

　　　　모든 남자아이들에게는 더 많은 격려가 필요하다. 거짓 칭찬은 필요 없다. 더 잘하라는 압력도 필요 없다. 소년들에게 정말로 필요한 것은 부모의 지지를 받는 것이다.

　어린 소년들의 놀라운 특성 중 하나는 부모의 기분을 읽을 수 있는 능력을 가지고 있다는 것이다. 아버지가 아들에게 진심이 아닌 칭찬을 할 때는 심지어 네 살짜리 꼬마도 아버지가 진실하지 않다는 것을 알고 있다. 어린 소년들은 부모가 진실을 이야기하는지 거짓을 말하는지를 배우자보다 더 잘 구분하는 경우가 종종 있다.

　어린 소년들이 부모의 진정성을 그렇게 잘 읽어내는 이유는 아이들은 항상 부모가 정말로 자신에 대해서 어떻게 생각하는지 알고 싶어 하기 때문이다. 지난번보다 더 높이 블록을 쌓은 다섯 살짜리 소년은 자신이 성취한 것이 자랑스럽다. 하지만 자신의 성취가 얼마나 대단한지 알려면 아버지가 어떻게 생각하는지 알아야만 한다(어린아이들이 항상 어머니나 아버지에게 자신이 그린 그림이나 공작품, 장난감 인형을 가지고 만든 전투 모형 등을 보여주고 싶어 하는 것은 바로 이런 이유 때문이다). 만약 아버지가 블록으로 쌓은 탑을 보고 자랑스러워하며 미소 짓는다면, 소년은 자신이 훌륭한 건축가라는 것을 확인하게 된다. 하지만 아버지가 인정하듯 고개를 끄덕이면서도 실제로는 관심을 기울이지 않는다면, 어린 소년은 무의식적으로 자신의 성취를 의심하게 되고, 나아가 자신의 능력까지도 의심하게 된다.

걸음마를 시작한 아이는 늘 실험을 한다. 아이는 자신이 하는 다양한 행동들에 부모가 어떻게 반응하는지 보려고 부모를 부지런히 관찰한다. 자신의 행동이 부모의 인정을 이끌어내는지, 벌을 받게 되는지, 아니면 아무런 반응도 얻지 못하는지를 살펴본다. 이런 현상은 아주 어린 소년들의 행동에서 더욱 분명히 볼 수 있지만, 10대가 되어도 약간의 변화만 있을 뿐 기본원칙은 변하지 않는다. 어린 소년들은 항상 마음속으로 자신의 능력에 대해 질문한다. 심지어 아직 말을 하지 못하는 어린아이들도 그런 내적 질문을 하고 있다는 것을 관찰할 수 있다. 그들은 이렇게 묻는다. "나 혼자 이걸 할 수 있을까? 칭찬받을 만큼 잘할 수 있을까? 저번보다 더 잘할 수 있을까?"

취학 전의 남자아이가 노는 것을 지켜보라. 아이는 끊임없이 무언가를 만든다. 탑을 쌓고, 벽을 만들고, 블록을 가지고 이것저것 만들어낸다. 때로 아이는 다시 만들기 위해 만들던 것을 망가뜨리거나, 처음 했던 것처럼 할 수 있는지 보려고 일부러 분해하기도 한다. 때로는 부모가 좋아하지 않을 만한 일들을 벌인다. 면도 크림을 욕실 벽면에 잔뜩 발라놓고, 창고 바닥을 페인트로 칠해놓는다. 누군가 자신의 작품을 방해하려고 하면 아이는 아예 그것들을 뭉개버린다. 심술이 났거나 무례한 걸까? 아니다. 아이는 놀이를 통해 자신의 능력을 테스트하는 것이다. 자신이 어떤 것을 잘하는지, 면도 크림을 발랐을 때 어떤 모양이 나타날 수 있는지를 실험한다. 때로(사실 많은 경우에) 아이들은 엄청난 난장판을 만들었을 때에도, 부모의 눈에 보이는 것과는 다르게 자신의 작품을 상상한다. 차고 바닥에 칠해진 빨간 페인트는 자신의 바닥에 깔린 카펫이다. 그것은 당신의 차고에 있는 것이 아니라 자신만의 놀이 공간 안에 있는 것이다. 아이는 지금 그 공간을 자기의 것이라고 생각한다.

물론 다섯 살짜리 소년이 집을 망가뜨리거나 차고를 엉망으로 만드는 것을 격려하라는 것은 아니다. 하지만 아이가 자신의 능력을 알아가고 있다는 점은 칭찬해줘야 한다. 나중에 그것을 치워야 하는 부모에게는 엉망진창으로 보이고 괴로울 수도 있겠지만, 아이에게는 꽤나 건설적인 활동이다. 아이는 단순히 만들고 부수는 일을 하는 것이 아니라 자신의 육체적 능력을 알아보는 중이다. 만약 그런 행동들을 며칠 동안 반복한다면, 그것은 아이가 저번보다 더 잘 만들 수 있는지 계속해서 시도해보는 것이다.

부모들은 어린 아들이 전쟁놀이를 하는 것을 불편하게 생각하는 경우가 많다. 하지만 그래서는 안 된다.

사실 남자아이들은 남성성이 억압되지만 않는다면 누구나 전쟁놀이를 한다. 그들에게는 도전받는 기분이 필요하고, 경쟁이 필요하다. 전쟁놀이는 아이들에게는 축구와 비슷하다. 물론 상상력을 조금 더 발휘하긴 해야겠지만. 이기는 것—물론 항상 이길 수 있는 것은 아니다—은 소년에게 남성성을 입증시켜준다. 승리하는 것은 아이의 자부심과 성숙함을 키워준다.

전쟁놀이는 또 다른 역할을 하기도 한다. 소년들은 본능적으로 도덕률을 세우게 되는데, 전쟁놀이에는 착한 편과 나쁜 편이 있다. 따라서 이런 놀이를 통해 소년은 도덕적 질서에 대한 생각을 더욱 강화할 수 있다. 악당은 반드시 물리쳐야 하는 존재다. 그러면 아이는 상상 속에서 악은 선으로 극복될 수 있다는 믿음을 갖게 된다. 물론 아이가 학교에 들어갈 때쯤에는 친구들을 괴롭히는 아이들을 목격하고, 나쁜 일도 일어날 수 있다는 것을 알게 된다. 하지만 아이에게는 나쁜 일은 극복될 수 있다는 믿음을 확고히 하는 것이 필요하며 이것은 전쟁놀이를 통해 길러질 수 있다. 소년들에게 전쟁놀이는 일종의 도덕적 연극이며 소년은 승리의 기쁨을 직접 맛볼 필요가 있다.

유명한 아동심리학자인 브루노 베틀하임 박사는 소년들이 전쟁놀이를 통해 자신의 도덕률을 세우려는 욕구를 이렇게 요약했다. "아이가 최종적으로 받아들이는 정체성이 도덕적 질서일 때, 삶에서 성공할 가능성이 훨씬 높아질 것이다……. '착한 사람들'이 어떤 사람들이든, 아이는 착한 사람들의 정체성을 자신의 것으로 채택해야만 한다." 전쟁놀이는 착한 편이 승리하는 게임이다. 그런 놀이를 하면서 승리를 하게 될 때, 그 경험은 아이가 자신감과 낙천적인 생각을 갖고 자랄 수 있게 돕는다. 베틀하임 박사는 저서 《옛이야기의 매력(The Uses of Enchantment)》에서 다음과 같이 말했다. "어떤 이유에서든 어린이가 미래를 낙관적으로 볼 수 없다면 발달 지체가 시작된다."

소년들은 내재하고 있는 도덕률 안에서 악이 존재한다는 사실을 알고 있다. 그들은 자신도 추한 감정을 가질 수 있고, 나쁜 일을 할 수 있다는 것을 안다. 따라서 좋은 부모라면 악한 마음이나 행동에 관한 문제를 단순히 무시하지 않고, 잘 다룰 수 있는 방법을 제시할 수 있어야 한다. 종교 교육(유태교-크리스트교의 전통에서 죄와 회개에 대해 강조하는 것처럼)은 그런 방법 중의 하나이다. 하지만 전쟁놀이를 하는 것도 도움이 될 수 있다. 적절한 도덕교육이 같이 이뤄진다면, 소년은 악을 이기는 승리자가 될 뿐만 아니라 기사도적인 존재가 되기도 한다. 베틀하임 박사는 "착한 사람들을 돕는 행동은 고귀한 목적을 가질 때 나오는 동기부여로 더욱 강화된다……. 소년은 이를 통해 단순히 말로는 가르칠 수 없는 교훈을 이해하기 시작한다. 즉 단순히 악과 싸우는 것으로는 충분하지 않으며 고귀한 이상을 위해서, 기사도적인 용맹을 가지고 싸워야만 한다. 결국 이것은 아이의 자존감을 높이고, 아이가 더 고상한 사람이 되도록 만드는 데 강력한 박차를 가할 것이다"라고 말했다.

어머니와 아버지의 격려는 다르다

어머니는 아버지와는 매우 다른 방식으로 아들을 격려한다. 보통 어머니는 아들에게 정서적인 따뜻함과 안정감을 제공한다. 어머니는 연민과 인내, 친절을 베푼다. 그녀는 아들과 같은 남성이 아니어서 아들에게 경쟁심을 느끼지 않기 때문에, 아버지보다 아들의 개성을 더 잘 포용할 수 있다.

소년들은 어린 시절에 어머니와 감정적 유대감을 더욱 강하게 느낀다. 이런 유대감을 억지로 끊어버리거나 너무 일찍 끊지 않는 것이 매우 중요하다. 어머니는 아버지가 하지 못하는 부분에서 아들을 격려해줄 수 있다. 어머니는 아들의 감정과 욕구를 더 쉽게 파악할 수 있고, 그것들을 이해하고 이끌어주려고 노력한다. 많은 소년들은 어머니와 있을 때 감정적으로 안정감을 느끼기 때문에, 어머니 앞에서는 행동을 덜 억제해도 된다고 느낀다. 그래서 그들은 아버지보다 어머니 앞에서 더 '제멋대로 행동한다.' 소리를 지르거나 짜증을 부리고, 울기도 한다. 소년들은 어머니의 인정, 또는 꺼뜨릴 수 없는 사랑(아버지로부터는 획득해야만 할 것 같은 것들)을 이미 가졌다고 느끼기 때문에 어머니를 기쁘게 하는 일에는 신경을 덜 쓴다.

이런 차이점들 때문에 어머니는 아들이 자신의 감정을 잘 살피고, 그 감정을 어떻게 다뤄야 하는지 배우도록 도울 수 있는 가장 좋은 위치에 있다. 예를 들어 여덟 살 소년 잭은 학교에서 돌아와 여동생이 자신의 장난감 비행기를 망가뜨린 것을 발견한다. 그는 화가 폭발했고, 소리를 지르며 동생을 때린다. 잭은 울면서 동생의 방으로 들어가서 인형 하나를 들고 머리를 잡아 떼어버린다. 아버지라면 이때 잭을 붙잡아서 엉덩이를 때리고 방으로 보내겠지만, 어머니는 아마도 다른 방식으로 잭에게 다가갈 것이다.

어머니는 잭이 느끼는 좌절과 분노를 공감하고 여동생의 행동에 대해서 같이 속상하게 여겨줄 수 있다(아버지보다 어머니가 잭과 더 강한 감정적인 유대감을 갖기 때문이다). 그녀는 잭을 방으로 데려가서 안정시킨 후에, 잭이 느끼는 좌절감과 분노는 이해할 만하지만 동생을 때리거나 인형의 머리를 뜯어내는 것은 바람직한 행동이 아니라고 깨닫게 도와줄 것이다.

어머니는 잭의 분노를 인정함으로써 그 강도를 줄일 수 있게 돕는다(사실 소년들은 자신들이 느끼는 분노 때문에 겁을 먹는다). 그다음엔 화가 날 때 지켜야 할 규칙들을 세워주면서—때리지 않기, 물건 부수지 않기, 욕하지 않기—아이에게 자신의 분노를 어떻게 다루어야 하는지 가르친다.

몇 달에 걸쳐서 이런 과정을 몇 번씩이고 반복하다 보면 소년은 감정을 다루는 법을 배울 뿐만 아니라 자존감을 높일 수 있다. 아이는 자신의 감정에 대해서 겁을 덜 먹게 되고, 적어도 어느 정도는 자신이 감정을 통제할 수 있다는 것을 배우게 된다. 어머니는 아들이 자신의 감정을 다룰 수 있도록 도와줌으로써 아들의 남성성에 대해 큰 격려를 보낸다.

어머니는 아들과 깊은 감정적 유대감을 가지기 때문에 아들이 바람직한 성품을 보이거나, 좋은 성적을 얻거나, 운동시합에서 좋은 결과를 얻을 때 마음껏 칭찬할 수 있는 좋은 위치에 있다. 무엇보다 어머니는 아들에게 자신이 있는 그대로의 모습으로도 사랑받을 수 있다고 느끼게 한다.

안타깝게도 우리 문화는 소년들이 멋진 남성으로 자라도록 격려하는 역할을 거의 하지 못하고 있다. 텔레비전에서 묘사하는 남자들은 멍청하거나 감정적으로 가벼운 모습이다. 하지만 소년들에게는 좋은 롤 모델이 필요하다. 아이들이 전자매체와 많은 시간을 함께한다는 것을 고려하면, 그들은 텔레비전에서 본받을 만한 멋진 남성을 볼 수 있어야 한다.

남성성과 아버지의 역할을 경시하는 경향은 낮은 결혼률, 높은 이혼율, 편모 가정 증가 등 사회적으로 더 심각한 문제들을 불러 일으킨다.

이것은 국가적인 비극이다. 소년들은 누구보다도 아버지로부터 건전한 칭찬을 받아야 한다. 소년에게 아버지의 말은 성스러운 것이며 엄청난 힘을 발휘한다. 그것은 아이를 산산이 부숴버릴 수도 있고, 조각난 마음을 원상태로 되돌릴 수도 있다. 만약 아버지의 존재가 아예 없다면, 그것은 소년의 삶에서 엄청나게 큰 공허감을 만든다. 아버지 없이 자란 소년들이 약물 남용, 알코올 중독, 성병에 걸리거나 감옥에 가게 될 위험이 엄청나게 높다는 연구자료들도 발표되었다.

아버지의 격려는 아들의 삶을 바꾼다. 그의 말은 소년의 내면에 있는 열정을 불타게 할 수 있고, 따라서 목표가 무엇이든 간에 성취할 수 있도록 도와준다. 아들에게 아버지의 말은 절대적이다. 만약 아버지의 말이 긍정적이라면, 소년은 자신이 패배할 일이 없을 거라고 생각한다. 하지만 부정적이라면, 자신은 절대 이길 수 없을 거라고 생각한다. 하지만 불행하게도 많은 아버지들이 아들에게 자신의 말이 얼마나 강력한 영향력을 미치는지 깨닫지 못하고 있다. 여덟 살짜리 남자아이가 학교에서 그린 그림을 집으로 가지고 와서 보여줄 때에는 어머니뿐만 아니라 아버지가 그걸 보고 고개를 끄덕이며 인정해주길 바란다. 타석에 나온 열두 살짜리 소년은 관중석에서 아버지의 모습을 애타게 찾는다. 그 소년은 아버지가 '넌 당연히 홈런을 칠 수 있어!'라는 의미로 엄지손가락을 들어 올려주길 바란다.

아버지들은 어머니들보다 아들을 더 엄하게 다룬다. 물론 여기에는 장단점이 있다.

아버지는 어머니가 알지 못하는 아들의 마음과 감정을 이해한다. 그는 아들이 왜 비닐봉지로 만든 낙하산을 메고 지붕에서 뛰어내리려고 하는지 알고 있다. 아버지는 아이가 하는 괴상한 행동들을 이해하고, 아이의 넘치는 에너지, 남성성과 관련한 욕구를 이해한다. 하지만 한편으로 아버지들은 군대 교관처럼 행동한다. 아들에게 "강해져. 남자답게 행동해야지"라고 습관처럼 말하지만 아들이 어떻게 느끼는지에 대해서는 대화하지 않는다. 명령만 내릴 뿐이다. 나는 남편이 아들에게 말할 때 딸에게 말하는 것과는 아주 다르게 이야기하는 것을 종종 본다.

아버지는 아들에게 남성적인 행동을 하도록 격려한다. 소년들에게는 이런 격려가 필요하지만 여기에는 주의할 점이 있다. 많은 아버지들이

118

아들이 기대에 미치지 못했을 때 '격려'하려는 의도로 질책을 한다. 또는 아이를 다그치거나 남자답지 못하다고 비난한다. 그런 행동은 아들에게 큰 상처를 남길 수 있다.

하지만 어린 소년들은 아버지로부터 긍정적인 말을 들어야 한다. 좌절감을 주는 말은 도움이 되지 않는다. 열 살짜리 소년은 아직 남자가 아니다. 자신의 길을 찾으려고 애쓰는 아이들이다. 아버지는 좋은 의도로 말했지만, 간혹 아들이 마음의 문을 닫고 거리를 두게 되는 경우도 있다. 종종 농담으로 아이를 놀리다가 예상치 못하게 이런 일이 일어나곤 한다. 아버지의 말은 아들에게는 항상 크게 다가온다는 사실을 기억하라. 아들이 받아들이는 것은 아버지가 의도한 뜻과 전혀 다를 수 있다. 놀리는 말에는 그 특성상 상대를 비꼬는 의미가 숨어 있다. 아버지가 그런 말을 한다면 그 느낌은 아이의 마음속에서 크게 확대되어버린다.

아버지가 아들에게 주기적으로 긍정적인 격려의 말을 하는 습관을 들이면, 아들의 자존감과 삶에 미치는 긍정적인 영향은 이루 말로 표현할 수 없을 정도이다. 여자아이들의 경우 높은 자존감을 결정하는 가장 큰 변수는 아버지가 딸에게 보이는 애정 어린 신체적 접촉이다. 이와 비슷하게 아버지가 아들을 격려하는 것은 그것이 말이든 신체적 접촉이든, 아들의 삶을 더 나은 방향으로 변하게 만든다.

스포츠와 통제

남자아이들은 스포츠 경기를 관람하거나 참여하는 것을 좋아한다. 스포츠는 남자아이들이 상대방을 이기기 위해서 육체적(그리고 남성적)인 힘을 안전하고 통제된 방법으로 쓸 수 있는 기회를 준다. 그런 기회를 통해 소년은 이기는 것이 어떤 기분인지 알 수 있으며 자신이 강하고, 기술이 뛰어나며, 능력이 있다는 것을 알 수 있다.

재미있는 사실은 소년이 스포츠 경기에서 경쟁할 때는 경쟁자를 이기는 것보다 자신이 얼마나 잘하는지를 파악하는 것이 더 의미가 있다는 것이다. 경기를 끝내고 나서 아이들은 단순히 승리자나 패배자가 되어 나오는 것이 아니라, 자신에 대해 더 많은 이해를 얻고 경기장을 나선다.

소년들에게 경쟁이란 남을 이기는 것보다는 정체성과 자기인식을 확립해가는 과정이다. 또한 승리는 소년들을 기분 좋게 한다. 승리가 자신이 원하는 모습, 즉 자신의 남자다운 모습이 실제로 드러나고 있다는 확실한 증거를 주기 때문이다.

몸의 움직임에 대한 통제

경쟁적인 스포츠는 소년들이 넘치는 에너지를 발산하고, 몸을 능숙하게 움직이도록 훈련하는 좋은 방법이다. 소년들은 더 빨리 달리고, 더 정확히 공을 찰 수 있도록 다리를 훈련한다. 아이스하키 퍽(아이스하키에서 공처럼 치는 고무 원반—옮긴이)을 치거나 테니스 공을 때리면서 눈과 손의 협응 능력을 키운다.

소년들은 경쟁적인 스포츠를 통해 자기 자신이나 전반적인 삶에 대한 중요한 교훈을 얻을 수 있다. 네 살짜리 소년들은 자신이 원하는 대로 몸이 움직이지 않으면 미친 듯이 소리를 지르고 좌절감에 땅바닥에 몸을 내던진다. 열 살짜리 소년은 안타를 쳐서 공이 1루수 머리 위로 씽 날아갈 때, 스스로 강하고 터프하다고 생각한다. 하지만 1루로 달리다가 아웃되면, 자기가 충분히 빨리 달리지 못했다는 것에 좌절감을 느끼며

터벅터벅 걸어 나온다.

테스토스테론이 요동치는 열다섯 살 소년은 축구공을 드리블하는 게 좀 어려워졌다는 걸 느낀다. 몸이 어색하고 움직임은 서툴러졌다. 다리는 더 길어졌고, 걸음걸이는 고르지 않다. 아이가 이 과정을 잘 이겨내기 위해서는 안정될 때까지 부모의 격려가 필요하다. 계속해서 스포츠 경기에 참여하고 뛰어야 한다. 스포츠에서 경쟁을 통해 슛을 날리는 정확도를 높이고, 드리블 능력을 향상시키고, 좀 더 빠른 스피드를 내려고 더 열심히 연습하게 된다. 다른 친구들의 도전은 아이를 더욱 영민하게 만들고, 더 많은 연습을 하도록 자극하고, 더 빨라지고 걸음걸이를 넓히게 만든다.

남자아이가 처음으로 직면하는 고난이자 가장 오래 지속되는 고투 중의 하나는 몸의 움직임을 통제하려는 것이다. 원하는 대로 몸을 움직이는 것은 나이를 막론하고 모든 소년(남자)들에게 중요한 과제이다.

그렇다고 소년들이 자신을 너무 몰아붙여서는 안 된다. 소년들은 운동을 해야 하지만, 휴식도 필요하다. 아직 어린 몸에 너무 많은 압박을 가해서는 안 된다. 소년에게 필요한 것은 자신의 몸을 능숙하게 다룰 수 있고, 자신이 원하는 대로 몸을 움직일 수 있게 되었다는 것을 깨닫는 것이다. 그래서 스포츠 경기나 놀이에서 승리할 수 있다는 자신감을 갖게 되는 것이다.

감정에 대한 통제

모든 남자아이들은 성숙해가면서 감정 조절하는 법을 배워야 한다. 감정을 느끼지 말아야 한다는 말이 아니다. 초등학교에서 중학교로 넘어가면서, 그리고 고등학교로 가면서, 삶의 감정적인 부분은 더 강렬해지고 복잡해질 것이다. 그렇기 때문에 청소년기에 이를 무렵에는 자신의 감정을 이해하고 구분하는 것이 힘들어지게 된다. 자신의 감정을 무시하는 것과 제어하는 것에는 아주 중요하고도 뚜렷한 차이가 있다. 전자는 두려움에서 비롯되는 것이고, 후자는 남성적인 성숙함에서 나오는 것이다. 소년들에게 감정을 숨기거나 피하라고 부추겨서는 안 된다. 감정적으로 무감각해질 정도로 마음을 닫아버린 소년들은 위험하다. 이는 병적으로 심각한 상태이며, 반드시 치료가 필요하다. 이런 아이들은 자신의 감정을 통제하지 못한 채 감정을 생매장시켜버린 것이다.

감정을 건강하게 통제하기 위해서는 두 가지 요소가 필요하다. 첫 번째는 감정을 있는 그대로 바라보는 것이고, 두 번째는 그 감정을 어떻게 처리해야 하는지 아는 것이다. 소년이 세워야 하는 목표는 감정이 어떤 방향으로 휘몰아치든, 자신이 옳다고 여기는 대로 행동하는 법을 배우는 것이다. 이를 통해 마침내 자기 통제에 이르게 된다. 남자아이들이 자신의 몸을 통제하는 데서 자부심, 성취감, 남자다움을 느끼는 것처럼, 감정을 통제하는 것을 배울 때도 이와 비슷한 성취감을 얻게 된다.

운동경기는 감정을 통제하는 것을 도와준다. 물론 공격성을 방출할 기회를 제공하기도 한다. 하지만 공격성을 통제하는 것도 스포츠에서 요구되는 자질이며 경기를 하면서 소년은 공격성을 통제하고 조절하는 방법을 배운다. 소년이 언제 공격성을 보이고, 언제 그것을 꺼버려야 하는지 알고 통제력을 얻게 되면, 자신의 육체적인 능력뿐만 아니라 감정까지도 스스로 책임져야 한다는 사실을 깨닫는다.

에너지에 대한 통제

진료실 문을 열었을 때, 수는 벌떡 일어나 덤벼들 기세로 달려왔다.

수는 유쾌한 40대 여성으로 일곱 살 난 큰딸 엘리와 함께 왔다. 엘리는 마치 교회에 가는 것처럼 잘 차려입었고 조용히 앉아서 색칠공부를 하고 있었다. 수는 1년 2개월 된 아들 애런도 데려왔는데, 애런의 건강검진 때문에 온 것이었다.

"선생님이 이 아이를 좀 도와주셔야 해요." 그녀가 불쑥 말했다. "이 아이는 야생적이에요. 제멋대로 날뛴다고요. 이러다가 사고라도 나서 죽을지 몰라요, 미커 선생님. 애런은 앉아 있지도, 걷지도, 가만히 서 있으려고도 안 해요. 얘는 달리고, 기어오르고, 휙휙 움직여요." 그녀는 숨도 안 쉬고 이야기했다.

"우리 가게에 콜라 캔을 피라미드처럼 쌓아서 전시해놓은 게 있어요. 그런데 얘가 그것들을 넘어가려다 무너뜨려서 캔들이 아이 위로 떨어져 내렸어요. 좀 보세요. 온통 멍투성이에요!"

수와 그녀의 남편은 정말 좋은 부모였다. 예전에 수는 아이를 갖는 데 어려움이 있었기 때문에 한참을 기다려서야 부모가 될 수 있었다고 내게 말했다. 그들은 아이들에게 헌신했고, 일을 하면서—그들은 가게 앞에 캠프장도 운영하고 있었다—번갈아가며 아이들을 돌보았다. 수의 어머니, 할머니와 여동생 등 근처에 일가친척들이 많이 살았는데 그들은 모두 하나같이 애런이 정상적인 아이가 아니라는 데 의견이 일치했다.

수가 이야기할 때 애런을 보니 등받이 없는 의자를 창문 가까이로 밀고 가 창문 차양을 열었다 닫았다 하고 있었다. 그다음엔 의자에 기어올라가서 진료 책상 위로 몸을 올리려고 했다. 거의 1미터 높이였다. 책상 위에 오르자, 애런은 일어나 뛰어내릴 준비를 했다. 수는 알아차리지 못했다. 나는 재빠르게 달려가서 아이를 붙잡아 안았다. 애런은 작은 몸을 와인따개처럼 비틀었고, 몸을 꿈틀거려 내 품에서 벗어나 바닥으로 내려왔다.

애런은 행복하고 재미있는 아이였지만, 또한 넘치는 에너지 때문에 무척이나 다루기 힘든 아이였다. 사실 의학적으로 말하면 활동과잉 상태였다.

나는 애런의 아버지가 아이와 많은 시간을 보내고, 명령과 반복되는 일과를 통해 애런이 체계적인 하루를 보내는 게 좋겠다고 말했다. 또 일관되고 단순한 규칙을 따르게 하고, 지키지 않을 경우엔 벌을 주도록 했다. 수는 동의했다. 수와 남편은 내가 지시한 모든 사항을 다 따랐다. 하지만 애런은 여전히 지나치게 활동적이었다. 다섯 살 반이 되었을 때, 애런은 두발자전거를 보조바퀴 없이 탔다. 여섯 살에는 튜브 없이도 캠프장의 수영장에서 수영을 했다. 애런이 일곱 살이 되었을 때, 애런의 부모는 놀이기구를 치워야 했다. 애런이 정글짐 꼭대기에 올라가서 걸어다니다가 바닥으로 떨어져 팔이 부러졌기 때문이다. 수와 남편은 애런이 언젠가 치명적인 사고를 당할까 봐 진심으로 걱정하고 있었다.

애런이 여덟 살이 되었을 때, 수는 내게 애런에게 운동을 시키는 일에 대해 상의했다. 아이의 거침없는 에너지 때문에 팀에서 쫓겨날까 봐 걱정했지만 애런이 아홉 살이 되자 아이의 넘치는 에너지에 두 손을 들었고, 결국 농구 팀에 등록시켰다. 애런은 정말 좋아했다. 그녀는 코치에게 애런을 다른 아이들보다 더 많이 달리게 해달라고 부탁했다. 그다음엔 애런을 축구 팀에 넣었다. 애런은 스포츠를 사랑했고, 그래서 부모는 그가 하고 싶은 만큼 운동을 할 수 있게 지원해주었다. 하지만 운동 역시 애런의 넘치는 에너지를 태워버리기에는 충분하지 않았다.

초등학교 3학년이 되자 애런은 아버지에게 체스를 가르쳐달라고 애원했다. 그리고 어찌된 일인지 애런은 이 게임과 사랑에 빠졌다. 애런과 아버지는 할 수 있을 때마다 같이 체스를 두었다. 누구도 이 아이가 한 게임을 끝낼 때까지 그렇게 오랫동안 가만히 앉아 있을 거라고는 생각하지 못했다.

하지만 애런은 가만히 앉아 있었다. 애런은 똑똑한 소년이었고 도전을 즐겼다. 비록 집중하는 데 엄청난 어려움을 겪었고, 때때로 좌절하기도 했지만 그의 불타는 경쟁심은 애런을 계속해서 체스 판 앞에 앉게 했다.

지금 애런은 열네 살이다. 여전히 끊임없이 솟아나는 에너지 때문에 애를 쓰고 있고, 가끔씩은 폭발해버릴 것 같은 느낌이 든다고 한다. 그는 팝워너 풋볼(Pop Warner Football, 미국의 유소년 축구 프로그램–옮긴이)과 농구를 하고 있고, 물론 체스도 계속하고 있다.

경쟁적인 스포츠는 애런이 넘치는 육체적 에너지를 방출할 수 있는 기회를 주었다. 또한 경쟁에서 얻는 도전감 역시 똑같이 중요한 역할을 했다. 이기고 싶어 하는 애런의 경쟁심은 에너지를 모으고 집중하는 데 도움을 주었다. 이기려는 욕구는 아이의 공격성과 좌절감을 특정한 방향을 향해 방출될 수 있게 했다. 활동항진증이 있는 소년들은 단순히 육체적인 에너지 때문에 힘들어하는 것이 아니다. 다른 아이들과 자신이 너무 다르다고 느끼는 데서 오는 좌절감, 분노, 실망으로부터 폭발적인 내적 혼란을 경험한다.

체스를 하는 것은 애런이 이런 내적 에너지를 잘 다스려 사용할 기회를 주었다. 그리고 지적에너지를 활용할 수밖에 없는 상황을 만들었다. 체스는 아버지를 이기기 위해서 애런을 생각하게 만들었고, 한 번 더 생각해서 전략을 구사하게 했다. 또한 체스는 애런이 집중을 하고 가능한 한 가만히 앉아 있는 법을 가르쳤고, 아빠와 함께 보내는 의미 있는 시간을 주었다.

지나치게 넘치는 에너지를 가진 소년들은 그 에너지를 방출할 출구가 필요하다. 하지만 여기에서 육체적인 에너지는 일부에 불과하다는 사실을 잊어서는 안 된다. 많은 소년들이 감정적, 지적 에너지로 끓어 넘치고 있다. 이런 에너지는 바람직한 방향으로 향해야 한다. 경쟁적인 스포츠는 에너지가 넘치는 많은 소년들에게 아주 멋진 해결책을 주며 어떤 아이들에게는 체스와 같이 경쟁적인 게임이 더욱 효과적이다.

스포츠에 관심이 없는 소년들은 예술을 통해서 분출구를 찾는다. 피아노나 프렌치 호른을 배우거나, 그림을 그리거나, 춤을 배우기도 한다. 어떤 식으로든 소년들에게는 경쟁이 필요하고 육체적, 정신적, 감정적 에너지를 표현할 방법이 필요하다.

경쟁의 역할

간단히 말해서 청소년기는 자기 자신에 대해 깨닫는 시기이다. 청소년기의 목표가 자기를 아는 것이라면, 경쟁은 그 과정에서 매우 결정적인 역할을 한다. 스포츠를 통해 경쟁하는 일은 소년기를 지나는 동안 지속적인 도움을 주지만, 청소년기에 이르면 다른 부가적인 문제들이 생긴다. 왜냐하면 그때부터 소년은 가족에게서 분리된 정체성을 가지기 시작하고, 남녀 사이의 로맨틱한 관계에 관심을 가지기 시작하기 때문이다.

청소년기에 테스토스테론이 증가하면서 소년들에게는 억압된 성 에너지가 생긴다. 부모는 소년들에게 그것을 어떻게 다뤄야 하는지 가르쳐주어야 한다. 이런 일은 많은 부모들이 꺼리는 사항이지만, 어머니나 아버지 둘 중 하나는(가급적이면 아버지가 좋을 것이다. 대부분의 남자아이들은 어머니로부터 이런 이야기를 듣고 싶지는 않을 것이다) 어떤 일이 생길 수 있는지, 어떤 감정이 드는지에 대해 이야기해주고, 그다음엔 건전한 방법으로 다룰 수 있도록 격려해야 한다. 그 건전한 방법은 경쟁적인 스포츠가 될 수도 있고, 또 예술이나 다른 형태의 경쟁(체스 게임과 같은)으로 에너지를 돌릴 수도 있다. 성적 에너지가 향해서는 안 되는 곳은 대중문화가 싸구려 저질문화로 아이들을 유혹하는 곳이다.

성 에너지는 육체적 에너지나 정신적 에너지, 지적 에너지 등과 다를 바 없다. 인정받고, 이야기하고, 잘 다루어서 통제될 수 있어야 한다. 그렇지 않으면 성적 욕구를 다루는 것이 아니라 그것에 압도되어 통제력을 상실하게 될 것이다. 자기를 아는 것은 모든 면에서 이뤄져야 한다.

학업, 스포츠, 음악, 다른 경쟁들에서 성취감을 얻는 것은 소년에게 자제, 자기 통달, 집중하는 법을 배우게 하고, 목표를 달성하기 위해 에너지를 쏟을 바람직한 방향을 찾게 한다. 물론 그런 활동들이 모든 문제를 해결하는 만병통치약은 아니다. 하지만 도움이 되는 것은 분명하다. 아이는 조금씩 자신의 특성 하나하나를 차례로 통제할 수 있게 된다. 이런 과정을 전혀 배우지 못하고, 규율과 절제 없이 살면서 자신의 삶에서 혼란만을 느끼고 있는 소년들이 많다는 사실이 슬플 뿐이다.

부모가 아들에게 절제뿐만 아니라 재미로도 가득한 질서 있는 삶을 살도록 하고, 그것이 미래에 성공적인 삶을 향한 길을 닦는 일이라는 것을 알게 하는 것은 매우 중요하다. 타고난 남성성을 존중받고, 자기 자신과 다른 사람을 존중할 수 있게 해주는 건전한 경기를 통해 그것을 배울 수 있다. 여기에 부모의 도움이 필요하며, 이는 아이들이 어렸을 때부터 시작되어야 한다.

제7장

어머니가 아들에게
줄 수 있는 것

아들을 처음 본 순간 어머니가 느끼는 천상의 기쁨
아래에는 작은 조약돌만 한 공포가 숨어 있다. 젖먹이 아들에게는 그녀
가 필요하다. 그리고 어머니는 아이에게 무조건적인 사랑을 베푼다. 하
지만 어머니는 아이가 자라서 남자가 되면 자기를 떠날 것이고, 언젠가
는 다른 사람에게 소속될 거라는 사실에 아픔을 느낀다. 많은 어머니들
의 경우 사내아이를 낳고 동시에 느끼는 희열과 공포는 딸이 태어났을
때 느끼는 기쁨과 공포와는 다른 것이다.

아들이 첫 울음을 힘차게 우는 순간부터 어머니는 자신이 그 아이를
사랑하기 위해 존재한다는 것을 깨닫는다. 그녀는 필요한 존재이다. 아
이는 그녀가 제공하는 영양, 안전, 사랑이 필요하다. 이것은 아이가 생존
하기 위한 조건이며 어머니에게는 존재의 이유를 준다. 그래서 그녀는 이
작은 소년을 보호하고, 사랑하고, 보살핀다. 하지만 아들은 남자가 되어
떠날 것이고, 그 후 엄마의 삶은 이전과는 절대 같을 수 없을 것이다. 그

녀는 여전히 아들을 사랑하겠지만 둘 사이의 관계는 달라질 것이다.

아이가 태어나기 전까지는 이런 생각이 존재하지 않는다. 하지만 아들을 처음 본 순간 어머니에게는 모성애가 솟아나고, 아들과 밀접한 애착 관계를 가지면서 그것은 모습을 드러낸다. 이것은 자연스러운 어머니와 아들의 관계이다. 아이에게 애착을 갖는 순간부터, 어머니는 아주 천천히, 앞으로 다가올 헤어짐을 준비한다.

이런 긴장감은 딸이 태어날 때는 존재하지 않는다. 딸은 영원히 엄마와 연결되어 있을 수 있다. 엄마와 딸은 끊어질 수 없는 유전적, 심리학적, 호르몬적 유대감을 가지고 있다. 딸도 다른 사람에게 소속되겠지만, 그들은 둘 다 여성이기 때문에 시간이 지나고 환경이 변화하더라도 여전히 친밀감을 유지할 수 있다. 하지만 어머니가 아들과 가지는 유대감은 더욱 깨지기 쉽고 미약하다. 아들은 남자이기 때문에 딸과는 다르다. 하지만 아들이 아이로 있는 동안만큼은 어머니의 것이다. 그리고 어머니는 자신이 아이를 보호해야만 한다고 느낀다.

어머니들이 딸과는 달리 아들에게서만 경험하는 또 다른 차이가 있다. 유전적으로 XY염색체를 가진 아들은, XX염색체를 가진 어머니와 단절되어 있다. 아들의 남성성은 어머니의 여성성과 분리되어 있고, 그것을 극복하고 싶은 어머니의 바람은 매우 크다. 따라서 아들을 보호하고 유대감을 맺기 위해서는 포도덩굴 가지를 마음씨 넓은 뿌리에 접붙이듯이 아들을 자신에게 접붙여야 한다는 것을 어머니는 본능적으로 알고 있다. 아들이 태어나는 순간 이 '접붙이기'는 시작되고, 아들을 지키려는 어머니의 본능은 아이가 자랄수록 점점 더 과감해지고 확실해진다.

입양을 한 어머니도 그럴까? 물론이다. 어머니의 접붙이기는 생물학적 관계와 상관없이 똑같이 시작된다. 어린 아들을 키우는 일에 관해서라면,

132

평상시에는 무척이나 상냥한 여성도 한순간에 맹수처럼 변할 수 있다.

남자아이들은 성격이나 발달상태, 감정적, 육체적 욕구 등에서 여자아이들과 다른 모습을 보이지만, 내 경험상 아들을 키우는 것은 딸을 키우는 것과 크게 다르지 않다.

어머니는 사랑을 주는 사람이다. 하지만 사랑을 받는 대상이 아들이든 딸이든, 사랑을 주는 일을 잘하기는 아주 어렵다. 아이들을 존중하고, 보호하고, 노여움을 참고, 좋은 부모가 되기에 필요한 모든 요소들을 인내심을 가지고 꼼꼼히 해내는 것은, 아이의 성별에 관계없이 똑같이 어렵다. 어머니가 되는 것은 너무나도 힘든 일이다.

어머니가 아들에게 주는 많은 것들은 아버지가 주는 것과 같지만, 방식에서 차이가 있다. 더욱 중요한 사실은 아들도 어머니로부터 받을 때는 아버지에게서 받을 때와 매우 다르게 받아들인다는 것이다. 그 반대도 마찬가지다. 아들을 키우는 데 아버지와 어머니 양친이 모두 필요한 이유가 바로 이것이다. 똑같은 충고를 듣는다고 할 때, 어머니에게 들을 때는 저항 없이 받아들이지만, 아버지로부터 듣는 경우에는 같은 말이라도 모욕적으로 받아들일 수 있다.

어머니가 아들에게 베푸는 행위의 많은 부분은 아들보다는 어머니의 성격이나 특성을 드러낸다. 어머니에게는 사랑을 주는 일이 필요하다. 또한 그들은 누군가에게 필요한 존재가 되는 것을 좋아한다. 이런 사실을 인정하는 것이 그리 힘든 일은 아니다. 그들은 어머니이기 이전에 인간이며, 모든 인간이 그렇듯 자기중심적이다. 직관적으로 어머니들은 사랑받고, 필요한 존재가 되고, 보살핌을 받을 때 삶이 더 나아진다는 것을 알기 때문에, 자신도 그것을 받기를 희망하며 아들에게 쏟아 붓는다. 게다가 아이를 사랑하는 것은 이런 과정을 실행할 수 있는 가장 안전한 방법이다.

　다행히 모든 소년에게는 어머니가 충족시켜줘야 하는 욕구가 있다. 다시 말하지만, 아버지가 이런 욕구를 충족시킬 자격이 없다는 말은 아니다. 내가 만난 아버지들 중에는 어머니보다 아들의 욕구를 더 잘 만족시키는 사람들도 있었다. 하지만 일반적으로는 모성애가 아들을 위해 더 강하게 발현된다. 어머니가 아들에게 줄 수 있는 것들을 살펴보자.

사랑의 얼굴

《데드맨 워킹(Dead Man Walking)》이라는 영화의 마지막 장면에서는, 양 손과 발이 묶인 사형수가 사형이 집행될 방으로 인도된다. 마지막 곁을 지켜줄 벗이자 절친한 친구인 헬렌 수녀는 방으로 가는 길에 그와 동행할 수 있는지 묻는다. 간수들은 그녀가 그와 함께 복도를 걷는 걸 허락한다. 복도 끝에서 그가 사형집행실로 들어가기 전, 헬렌 수녀는 그의 몸에 손을 대도 되냐고 묻는다. 간수들은 허락한다. 헬렌 수녀는 그의 어깨에 손을 올리며 이렇게 말한다. "고통이 느껴지고 죽음이 다가오는 것이 느껴지면 나를 바라봐요. 나는 당신을 위한 사랑의 얼굴이 될 거예요."

　사랑의 느낌, 열정, 능력 등은 같을지 몰라도 사랑을 표현하는 방법은 성별에 따라 달라진다. 여성들은 말을 더 많이 하고, 사랑을 말로 더 쉽게 표현한다. 어머니와 아들의 관계에서 사랑을 주는 과정은 갓난아기 때부터 시작된다. 어머니는 젖먹이 아들을 사랑스러운 눈빛으로 바라보고 애칭을 지어 부르고, 아들에게 사랑한다고 말한다. 말을 걸고, 안고, 목욕시키고, 아기를 보듬는 행동들은 아들에게 가장 많은 사랑을 주는 존재는 자신이 되고 싶다는 메시지를 전하는 데 도움이 된다. 아들은 자신이 힘든 상황에 처하면 엄마가 언제나 자신을 구해줄 거라고 믿고 의지한다.

어머니는 아들이 하는 행동이나 여자친구, 즐기는 운동이나 음악 등을 못마땅해 할 수는 있지만, 언제나 그를 사랑한다는 것에는 변함이 없다. 어머니의 사랑을 내면에 건강하게 내재화시키는 것은 아들에게 매우 중요한 일이다. 소년이 경험하는 어머니의 사랑은 앞으로 만날 다른 여자와의 사랑에 어떤 태도를 보일지에 대한 견본이 되기 때문이다. 만약 소년이 어머니와의 관계가 긍정적이라면, 아이는 여자 형제나 여자 친구, 또는 여자 선생님이 주는 애정을 더 신뢰할 수 있게 된다. 반면에 어머니의 사랑에 불안함을 느끼거나 신뢰가 부족하다고 느낀다면, 다른 여성의 사랑도(남녀 사이의 사랑이든 플라토닉한 관계든) 같은 시선으로 바라볼 것이다.

어머니는 신체적인 접촉을 좋아한다. 이것은 매우 좋다. 유아, 어린 소년들, 좀 더 나이가 든 소년들에게도 육체적인 접촉은 필요하다. 어머니가 안아주는 행동은 자신이 사랑받고 있다는 것을 말해준다. 그녀는 아들을 바라보고, 자신이 바라보는 아들을 좋아한다. 그리고 아들을 인정한다. 아들은 어머니의 사랑에 의해 인정받는다. 안타깝게도 많은 어머니들이 아들을 껴안고 싶으면서도 자제하려고 노력한다. 아이는 남성이 되어가는 과정에서 엄마와 신체접촉을 줄여야 한다고 느낀다. 게다가 포옹을 덜 하는 것이 남자답다고 생각한다. 결코 그렇지 않다. 아버지는 아들에게 살갑게 다가가지 않을 수도 있고, 아이가 자라면서 신체적 접촉을 꺼릴 수는 있지만, 어머니는 그래서는 안 된다.

어머니는 아들과 대화하는 것을 좋아한다. 하지만 매번 큰 반응을 기

대해서는 안 된다. 여성들은 친밀한 감정을 나누는 것을 편안하게 느끼지만, 소년이나 남자들은 그렇지 않다. 때로는 마음을 털어놓는 것이 아예 불가능한 경우도 있다. 심지어 자신들도 자기 감정을 알지 못한다. 하지만 소년들, 특히 10대 소년들은 어머니가 여전히 자신의 감정에 관심이 있는지 알고 싶어 한다. 비록 자신도 설명하지 못하는 감정이라 해도 말이다. 어머니가 자기 감정에 관심을 갖는 것은 아이에게 위안이 된다. 하지만 때로는 그런 관심이 아이를 화나게 만들 수도 있다. 어머니들은 아들의 반응에 예민하게 귀를 기울여야 한다. 여성들은 속마음이나 감정을 다른 사람들과 쉽게 털어놓기 때문에, 그런 행동을 자연스럽게 아들과의 관계에서도 적용하려고 한다. 아들에게 뭔가 잘못된 일이 있을 때, 어머니는 뭐가 잘못되었는지 물어본다. 하지만 어린 소년들은 보통 그 답을 모르며, 알고 있더라도 때로는 알려주지 않을 것이다.

10대가 되면 많은 남자아이들이 어머니에게 자신의 감정을 털어놓으려 하지 않는다. 하지만 문제는 대부분의 아이들이 여전히 어머니가 자신들의 감정에 관심이 있는지 알고 싶어 한다는 것이다. 이것은 청소년기의 소년들에게는 나쁜 버릇이 될 수도 있다. 무의식적으로 어머니와 벌이는 게임 같은 것이다. 그들은 자신의 기분이 상한 것을 어머니가 알아차리길 바랄 뿐, 직접 말하려고 하지 않는다. 그들은 어머니가 자기에게 신경을 쓰고 있다는 사실에서 위안을 받으려는 것이다.

또 어머니는 음식으로 자신이 아들을 얼마나 사랑하는지 표현한다. 전형적인 유대인 어머니나 이탈리아 어머니들은 아들을 잘 먹이는 것으로 사랑을 표현한다. 진료를 하면서 만난 어머니들 중 가장 스트레스를 많이 받고 있는 어머니들은 아들의 성장 발육에 문제가 있는 경우였다. 아이가 잘 먹지 못하거나 잘 자라지 못하면 어머니는 무의식적으로 자신이 잘못했다고 느낀다. 마찬가지로, 10대 아들이 강하고 크게 성장한다면 자신이 부모 역할을 잘했다고 느낀다. 눈앞에서 아들의 힘을 확인할 수 있기 때문이다.

마지막으로, 어머니는 희생으로 사랑을 표현한다. 어머니는 아들을 위한 일이라면 어떤 행동이라도 자신을 던진다. 본능적이든 아니든, 그것이 바로 사랑이 하는 일이다.

수년 전에 나는 큰 어린이 병원에서 일하면서 생명을 위협하는 다양한 병을 앓는 아이들을 치료했다. 뇌종양에서 근육위축병, 낭포성섬유증 등에 이르기까지, 병실은 늘 고통 받는 아이들과 분노에 찬 어머니들로 가득했다.

낭포성섬유증을 앓던 한 열세 살 소년을 절대 잊지 못할 것이다. 그 아이는 폐에 걸쭉한 점액질이 가득 차 숨 쉬는 데 어려움을 겪고 있었다. 우리는 걸쭉한 점액이 굳어버리기 전에 그것을 제거하는 치료를 하고 약을 처방했다. 점액은 다양한 박테리아에 너무나 자주 감염이 되었기 때문에 폐렴으로 이어질 수도 있었다. 그러면 항생제 정맥주사를 퍼부어야 했다.

시간이 지나면서 박테리아가 항생제를 이기기 시작했고, 의사들은 더 강한 항생제를 놓아야 했다. 이 어린 소년은 한 번에 몇 주씩 병원에 입원해 있는 경우가 많았다. 그 아이는 집으로 돌아가서 몇 주 있다가 치료를 더 받기 위해 병원으로 돌아오곤 했다. 아이의 어머니는 병실에서 한없이 많은 시간을 앉아 있었다. 그녀는 아들에게 책을 읽어주었고 아들의 이야기를 들어주었다. 때로 나는 아이가 절망에 차서 엄마를 향해 소리를 지르는 것을 들었다. 아이는 자신의 고통을 탓할 누군가, 자신이 찾을 수 있는 가장 안전한 누군가가 필요했던 것이다. 아이의 엄마는 울지 않았다. 아이만 울부짖을 뿐이었다. 엄마는 아이의 분노를 되받아치지 않고 그저 조용히 앉아 있을 뿐이었다.

어느 날 그녀가 내게 남편과 함께 개인면담을 하고 싶다고 했다. 그저 중요한 일이라고만 했다. 나는 그녀가 무슨 일 때문에 상담을 하려는 건지 궁금해서 마음까지 어지러웠다. 혹시 아이의 고통을 빨리 덜어주고 싶다는 생각은 아닐까? 그런 생각들을 떠올렸다는 사실이 창피했지만, 충분히 그럴 수 있을 만큼 힘겨운 상황이었다.

우리 셋은 약속한 시간에 모여 타원형의 테이블에 둘러앉았다.

"다들 바쁘다는 걸 잘 알아요. 시간을 너무 많이 뺏거나 길게 얘기하진 않을 거예요. 그냥 단도직입적으로 솔직하게 말할게요. 선생님은 우리 아들이 지금까지 수년 동안 고통스러워한 것을 보셨죠. 우리 아들의 끔찍한 상황을 이해하실 거예요. 그리고 좋지 않은 진단이 내려졌다는 것도 아실 거예요."

나는 다음에 어떤 끔찍한 말이 나오지 않을까 걱정하며 이렇게 말하려고 준비하고 있었다. '아뇨, 절대 안 됩니다. 어떤 경우에도 아이의 삶을 단축시킬 약을 처방할 수는 없어요.'

내가 이런 창피한 생각을 하는 사이, 그녀가 입을 열었다. "남편과 나는 이 문제에 대해 많이 생각했어요. 우리는 이 상황을 깊이 논의했고, 결국 합의했어요. 선생님이 우리의 바람을 들어주셨으면 해요." 그녀는 내가 거절할 여지를 남겨두지 않았다.

"저의 폐를 우리 아이에게 기증하고 싶어요." 나는 그녀의 얼굴을 빤히 쳐다보았다. 그녀는 내 눈을 똑바로 쳐다보았다. 나는 그대로 의자에 얼어붙었다. 말문이 막혔다. 나는 그녀의 요청에 동의할 수 없었다. 처음에 그녀는 소리를 지르고, 그다음엔 울음을 터뜨렸다. 그러고는 애원했다. 그녀가 진심이라는 것은 의심할 여지가 없었다. 그녀의 아들에 대한 사랑은 너무도 확고했다. 처음에 나는 그녀가 미쳤다고 생각했다. 하지만 그날 나는 깨달았다. 사랑에도 얼굴이 있다면, 나는 그날 '어머니의 사랑'이 지닌 얼굴을 보았다는 것을……

매의 눈으로 지켜보기

어머니는 아들을 보호하기 전, 또는 심지어 과잉보호를 하기 전에, 자신의 예민함을 잘 이용해야 한다. 어떻게 아들을 안전하게 할지보다 먼저 아들의 적을 파악해야 한다. 어딘가에서 무엇인가가 매일 아들의 소년기를 위협하고 있다. 그리고 어머니들은 본능적으로 아들을 보호하려 하기 때문에 아들을 위협하는 것들을 감시하고 찾는다. 어머니는 이런 위협들을 깨달으면—오늘날은 주로 전자기기가 아이들의 적이다—, 공격한다.

　전자기기들이 넘치는 복잡한 포스트모던 사회에서 아들의 건강한 삶을 위협하는 것들은 은밀히 퍼지고 있으며, 매우 찾기가 힘들다. 그래서 성실한 어머니들은 눈을 크게 뜨고 귀를 활짝 열어놓는다. 그러면 아들은 어머니의 그런 행동을 공격한다. 보통 이런 공격은 "엄마는 나를 못 믿는 거잖아요"라는 식으로 나타난다. 하지만 물러서지 마라. 아이들은 자신의 감정에 대해 이야기하고 싶어 하진 않지만, 여전히 당신이 관심을 가져주길 원한다. 소년들은 규제를 좋아한다고 말하지는 않지만 사실은 좋아한다. 그것이 부모의 관심이기 때문이다. 마음속 깊은 곳에서는 간섭받기를 바라며, 거기에서 안도감을 느낀다. 하지만 다시 거부한다. 이것은 아들과 어머니의 관계에서 자주 일어나는 '밀고 당기기'이다. '그렇게 하세요. 하지만 하고 있다는 것을 내가 알게 하지는 마세요.'

안타깝게도 많은 어머니들은 아들이 '신뢰' 문제를 들먹이며 책망할 때 종종 자신의 뛰어난 직감을 버리고 생각한다. 네 말이 맞는 것 같구나. 너는 착한 아이이니까, 너를 믿어야겠지. 그러고는 눈을 돌리고 귀를 닫아서 어린 소년을 어른이 된 것처럼 대한다. 이는 '큰 실수'를 하는 것이다.

똑똑한 어머니들은 이것이 신뢰의 문제가 아니라는 것을 알고 있다. 아들을 못 믿어서 감시하는 것이 아니다. 세상이 험하고, 부당하고, 잔인하기 때문에 감시한다. 어머니들은 더 오래 살았고, 더 많은 풍파를 견뎌냈다. 어린 소년에게 위험한 것들에 대해 더 많이 알고 있다. 소년들은 그것들 너머에 무엇이 있는지 볼 수 없고, 어떤 것들이 자신을 해칠지 잘 알지 못한다. 그렇기 때문에 어머니들은 방심하지 말고 아이들을 보호해야만 한다.

매디는 아들 샘의 감정 기복이 걱정되어 내 진료실을 찾았다. 열다섯 살이 된 이후로 샘이 더 냉소적이고 변덕스러워졌다고 했다. 이전에 샘은 좀처럼 말대꾸를 하지 않고, 엄마가 원하는 것은 거의 다 하는 무던하고 조용한 소년이었다. 샘은 특히 아버지와 가까웠는데, 아버지는 주요 항공사의 비행기 조종사였다. 비행 스케줄이 격주로 있어서, 한 주는 집에서 떠나 있고 한 주는 집에 머물렀다. 남편도 샘처럼 조용한 성격이라고 했다. 매디는 아마도 그게 두 사람이 그렇게 가까운 이유일 것이라고 했다.

매디는 유난히 밝고, 표현이 분명하고, 배려심이 있는 사람이었다. 그녀는 병원에서 사무원으로 시간제 근무를 하고 있었는데 샘의 시간에 맞춰 집에 있을 수 있도록 스케줄을 조정했다. 그들은 언제나 대화가 잘 통했기 때문에, 그녀는 최근에 샘이 보이는 냉소와 부정적인 태도를 더 받아들이기 힘들어 했다. 샘은 외동아들이었고 그녀와 남편의 월급도 적지 않았기 때문에 또래 친구들이 누리지 못하는 많은 것들을 해주었다고 했다.

나는 샘의 친구들에 대해서 질문했다. 샘이 어울리는 또래 친구들은 변함이 없었지만, 얼마 전 새로운 친구가 전학을 왔다고 했다. 샘은 그와 친구가 되었고, 샘의 엄마는 샘이 새 친구를 사귀었다는 점을 자랑스러워했다.

나는 샘이 방과 후에는 무엇을 하는지 물었다. 흔히 하는 것들이죠. 육상연습, 숙제, 자유 시간, 그리고 잠자리에 들어요. 특별한 건 없어요.

매디는 모든 면에서 건전하고 안정적인 가정의 모습을 설명했다. 그녀가 이루기 위해서 정말 열심히 노력한 것들이었다. 샘에게 새로 생긴 불량한 태도만 빼면 가족 간의 마찰은 극히 드물었다. 그녀와 남편은 예의바른 사람들이고, 샘에게도 예의바르게 행동하도록 가르쳤다. 따라서 그들은 샘에게 무슨 일이 일어난 것인지 상상조차 할 수 없었다.

"그럼 샘은 휴식시간에 뭘 하나요?" 내가 물었다. 반쯤은 속으로 무슨 얘기를 해야 할까 생각하면서 대답을 기다렸다.

"오, 잘 모르겠어요." 그녀가 대답했다. 나는 그녀가 뭔가를 더 얘기하기를 기다렸지만 그녀는 조용했다. 그 순간 나는 그녀가 말이 없는 이유를 깨달았다. 그녀는 정말로 샘이 휴식시간에 뭘 하는지 몰랐던 것이다. "비디오 게임 하는 걸 좋아하나요? 온라인으로 친구랑 채팅을 하나요?

아니면 음악을 듣나요?" 나는 다그쳤다.

"아마도요." 그녀는 어깨를 으쓱했다. "나는 그냥 애를 내버려둬요. 사생활을 존중하려고요. 샘의 방에는 TV가 있고 노트북, 아이팟, 휴대폰도 있어요. 그런 것들에 대해서 샘은 많이 얘기를 하지 않아요."

계속 얘기할수록 그녀의 목소리는 더 작아졌고, 부담을 느끼고 있는 것이 보였다. 샘의 자유 시간에 대해서 뭔가가 확실히 그녀를 불편하게 하고 있었다. 그래서 나는 더 캐물었다. 하지만 그녀는 자신이 느끼는 불편함을 정확히 짚어낼 수 없었다.

"학교를 마치고 집에 오면 샘이 뭘 하는 것 같아요?" 나는 계속해서 질문했다.

"아까 말했듯이, 정말로 몰라요. 가끔씩 샘은 친구랑 방에서 게임을 하는 것 같아요." 그녀는 슬픔과 두려움이 섞인 표정으로 고개를 들어 나를 보았다. "우리는 아이를 존중하고, 신뢰해요. 샘은 착한 아이고 한번도 우리의 신뢰를 깨뜨릴 만한 문제를 일으킨 적이 없어요. 우리는 그 아이를 믿어요." 그녀는 이렇게 자기 자신을 합리화했다.

흥미롭게도 내가 그녀에게 샘이 포르노 사이트를 보고 있거나(사실 보고 있지 않았다), 방으로 맥주를 몰래 가지고 들어가거나(그런 것도 아니었다) 그녀가 생각하기에 나쁘다고 여겨지는 행동을 할 가능성이 있는지 물어봤을 때, 매디는 내 말에 동요했다. 어떻게 감히 자기 아들의 됨됨이를 의심할 수 있단 말인가?

나는 전혀 실마리를 얻지 못했다는 걸 깨닫고 샘과 이야기를 나눠도 되는지 물어보았다. 그녀는 마지못해 동의했다. 나는 일부러 샘과 단둘이 대화를 나눴고, 그후에 매디에게 같이 해달라고 부탁했다. 샘은 자신의 태도 변화에 대해서 설명하기 시작했다. 샘은 자신이 분노를 더 느끼고, 더 우울하고, 전반적으로 이전보다 불안하다는 것을 인정했다. 오후에 방에서 뭘 하냐고 물어보자, 샘은 단순히 이렇게 말했다. "별일 안 해요. 그냥 남자애들이 하는 것들이죠."

"마이스페이스 페이지를 가지고 있니?" 내가 물었다.

"물론이죠. 누구나 다 하는 걸요." 샘이 마치 변명이라도 하듯이 말했다.

"누가 글을 남기니?"

"많은 사람들이요. 남자애들, 그리고 여자애들도 몇 명."

샘은 점점 불편해하면서 내 눈을 피하며 자세를 고쳐 앉았다.

"엄마에게 네 마이스페이스 페이지를 보여주는 건 어떨까?" 나는 비명 소리가 나오길 기대하며 질문을 던졌다.

"안 돼요. 절대 안 돼요. 그건 남자들만의 것이라고요!" 샘이 대답했다.

"그래요, 미커 선생님. 저도 동의할 수 없어요. 그건 사적인 거니까요. 남편과 전 아이의 사생활을 침해하지 않기로 동의했어요." 매디가 말했다.

빙고. 그 순간 우리 셋은 샘의 마이스페이스 페이지에 뭔가 잘못된 점이 있다는 걸 깨달았다. 샘은 비난받을 만한 뭔가를 숨겨두었고, 매디는 행동을 취하는 것을 거부하고 있었다. 그녀는 아들이 무엇을 하는지 알고 싶지 않았다. 기분 상하고 싶지 않았기 때문이다. 그녀는 보고 싶지 않았다. 보게 된다면, 어떻게 해야 할지 모른다는 사실을 깨닫게 될 수도 있다. 아마 화가 날 것이다. 샘에게 소리를 지르고, 노트북 컴퓨터나 휴대폰이나 아이팟을, 어쩌면 그 전부를 치워버릴 수도 있다.

하지만 그녀는 그러지 않을 것이다. 그래서는 안 된다고 생각했다. 그렇게 하면 착한 아이가 반항심에 집을 나가고, 인생을 망치게 될 것이다. 그녀는 자기가 취할 수 있는 가장 안전한 행동은 거리를 두고 그저 모른체, 소극적으로 있는 것이라고 결론을 내렸다. 지난 몇 달 동안 보인 샘의 나쁜 태도와 냉소에 대해 곰곰이 생각하면서, 그녀는 그저 청소년기에 겪는 단계일 뿐이라고 자신을 합리화했다. 하지만 마음속으로는 문제가 있다는 걸 잘 알고 있었다. 애초에 그래서 나를 찾아왔던 것이다.

머리로는 합리화를 하면서도 매디의 본능은 나를 찾아오는 것을 선택했다. 그녀는 그저 문제를 직시하기가 두려웠던 것이다. 문제를 직시하면 어떻게 해야 할지 결정을 내려야 할 테니까. 이것이 그녀를 더욱 겁나게 했다. 만약 그녀가 샘에게 벌을 준다면 샘이 반항할까 봐 겁이 났던 것이다. 아이가 가출을 할 수도 있다. 만약 문제를 잘못된 방법으로 다루면 자신은 나쁜 엄마가 되고, 아들을 형편없는 아이로 만들어버릴까 봐 두려웠다.

내 경험에서 봤을 때, 매디의 모습은 대다수 부모들의 전형적인 모습이다. 우리는 우리 아들이 무엇을 하고 있는지 직시하는 것을 두려워한다. 나쁜 아이들이라서가 아니다. 그저 아이들을 교육하는 것이 두렵기 때문이다. 제대로 교육하는 것은 힘든 일이며 아이들이 엇나가게 될까 봐 불안해지기도 한다. 우리는 아이들이 가출하기를 바라지 않는다. 아이들이 불건전한 일에 참여하고 있을 때조차도 우리는 그런 행동들을 멈추게 하면 아들을 잃어버리게 될까 겁을 먹는다. 한 가지는 확실히 말해두고 싶다. 하프웨이 하우스(halfway house, 출소자들의 사회복귀훈련시설-옮긴이)나 교도소는 가정교육을 받지 못한 소년들, 제멋대로 행동하도록 부모가 방치했던 소년들로 가득 차 있다.

아버지들은 이런 문제에 다른 방식으로 접근한다. 어머니들은 부모로서 아들의 문제에 대한 결정을 내릴 때 많은 사람들이 상상도 못 할 정도로 엄청나게 복잡한 생각의 과정을 거친다. 하지만 아버지들은 일단 문제를 인지하면 해결책을 찾으려고 한다. 그리고 그 해결책을 적용할 것인지, 만약 그렇다면 언제 적용할지를 결정한다.

어머니는 그렇지 않다. 아들과 관련한 문제는 어머니와 독립적으로 존재하는 것이 아니다. 문제가 심각할 경우, 그녀는 그 문제에 자신의 책임이 있는지 고민하고, 문제를 해결하기에 앞서 스스로에게 책임을 물을 것이다. 그녀는 아들에게 책임감을 느끼기 때문에, 아이의 문제가 자신의 결점을 반영하는 것이 아닐까 두려워한다. 어머니들은 종종 아들과 관련한 일에 대해서 불안해하는 경향이 있다. 자신이 남자아이의 마음과 경험을 완전히 이해하지 못한다는 것을 알기 때문이다.

대부분의 어머니들은 아들의 문제 앞에서 머릿속이 엄청나게 복잡해진다. 첫째로, 어머니는 여성이므로 아들의 남성적인 사고와 경험을 이해하는 데 불리하기 때문이다. 그래서 불안하고 불편해한다. 둘째로, 어떤 어머니들은(그리고 몇몇 아버지들도) 계속해서 아들의 문제를 개인적인 것으로 받아들인다. 여성들은 자기 탓을 하는 데 전문가이다.

매디는 샘에게 멋진 엄마가 되고 싶었고, 아이를 정말 사랑했다. 샘은 성적도 뛰어났고, 성품도 착했다. 그녀는 엄마로서 성공했다는 느낌을 받았다. 하지만 샘이 어쩌면 나쁜 행동을 하고 있을지도 모른다는 걸 깨닫자, 그녀는 아이와 대면하는 것을 거부했다. 아이가 반항할까 봐, 그래서 실패할까 봐 두려웠기 때문이다.

아이러니하게도 매디는 그 상황을 멋지게 해결했다. 샘이 진료실에서 마이스페이스 페이지를 보여주었을 때, 그녀는 분통을 터뜨렸다. 그녀는 샘이 다른 여자아이들—잘 모르는 아이들이라고 했다—과 나눈 외설적이고 성적인 대화를 보았다. 그녀는 이성적이지만 화난 목소리로, 샘이 여자아이들을 성적으로 추행했으며 그 여자아이들도 마찬가지라고 말했다.

그녀는 샘에게 항상 다른 사람을 존중하면서 대화하기를 바란다고 말했다. 또 샘이 그 여자아이들에게 사과해야 하며, 샘에게 그런 불쾌한 언어를 쓴 아이들에게도 사과를 받아야 한다고 말했다.

매디는 그녀답지 않게, 테이블 위로 손을 내려쳤다. 샘은 울음을 터뜨렸고, 흐느껴 울었다. 샘은 모욕감을 느꼈겠지만 그와 동시에 자신의 비밀이 드러났다는 안도감을 느꼈을 것이다.

많은 부모들은 소년들이 나쁜 짓을 하는 것을 대수롭지 않게 여기는 실수를 저지른다. 물론 아이들의 말썽은 끊이지 않는다. 황소개구리를 가지고 놀거나, 나무 위의 요새에서 놀고, 소파에 면도 크림을 뿌리는 유치원생이라면, 아이들은 마음껏 일을 저질러도 된다. 하지만 10대가 외설적이거나 폭력성을 보인다면, 이를 간단히 무시하고 넘어가서는 안 된다. 순수한 마음에서 나오는 말썽은 순수하다. 하지만 외설적이거나 폭력적인 말썽은 순수함을 훼손한다. 대중문화는 그런 순수함을 부정하고, 비하한다. 또한 그런 식의 저급한 취향에 맞춰 상품을 팔려고 한다. 하지만 아들의 성품과 정신적·육체적 건강을 생각한다면, 부모는 아들의 순수함을 보호해야 한다. 날카로운 눈으로 아들을 지켜보라. 어른의 눈에는 아이들의 대화 내용이 그저 유치해 보이거나 과장된 것으로 보여서 많은 사람들이 대수롭지 않게 넘겨버린다.

하지만 매디처럼 결국 본능에 따라 현명하게 행동하는 어머니들이 더 많이 늘어난다면, 샘과 같이 안도감을 느낄 소년들이 많을 것이다.

품위 수호

어머니들은 아들이 남자로 성숙해감에 따라 아들의 품위를 지킬 필요성을 강하게 느낀다. 어머니는 자식이 태어난 순간부터 그들에 대한 자부심을 상징하는 존재가 된다.

어머니는 아들에게 남성성에 대한 자부심을 전해줘야 한다고 여긴다. 그래서 아들이 성장하면서 남자로서 자부심을 지니고, 스스로 자신의 품위를 보호할 수 있도록 말이다.

어머니에게는 아들의 모든 성격적 결함과 부족한 능력이 덮여진다. 그녀의 눈에는 아들이라는 존재 자체만으로도 품위가 보장된다. 아들이 병이나 장애로 휠체어에 몸이 묶여 있을 수도 있고, 제대로 말을 하지 못할 수도 있지만 이 소년에게는 존엄성이 있으며, 어머니는 그것을 세상에 가르쳐줄 것이다. 어쩌면 아들이 첼리스트이거나 운동선수, 증권중개인이거나 아니면 아파트 경비원일 수도 있다. 하지만 어떤 경우에든 어머니는 아들의 존엄성을 볼 수 있으며 그것을 세상에 알리고, 보호할 것이다. 그녀는 아들을 사랑하는 최고의 팬이며, 다른 사람들에게도 아들을 존중하도록 요구한다.

그렇다고 어머니가 딸에게 갖는 사랑이 덜하다는 이야기는 절대 아니다. 물론 어머니는 딸을 사랑하며, 아들과 똑같이 소중히 여긴다. 어머니가 아들의 품위를 지킨다는 설명은 아들에 대한 어머니의 감정과 행동은 딸에 대한 감정과 다르다는 것이다.

때로는 어머니가 다른 사람들에게 아들에 대한 존중을 요구하는 것이 지나칠 수도 있다. 내 환자 중에 초등학교와 중학교 시기 내내 나이에 비해 몸집이 왜소한 아이가 있었다. 그 아이는 귀여운 개구쟁이 소년이었고, 공부도 잘했지만 아이의 어머니는 아들의 체격에 대해 지나치게 민감한 반응을 보였다. 그녀는 만나는 사람마다 자신의 아들을 놀리지 않는 게 좋을 거라고 입버릇처럼 말했다.

그녀는 아이가 가는 곳이면 어디든 따라다니며 아무도 아이를 놀리지 못하도록, 모든 사람들이 아이의 남성성을 존중하도록 했다. 그녀는 아들이 초등학교를 다니는 내내 어머니 보조교사로 활동하며 곁에 있었고 아이가 스포츠를 할 때면, 부모 관중석이 아니라 선수대기실에서 경기를 지켜봤다. 매번 그녀는 아들이 다른 아이들과 똑같은 시간을 출전해야 한다며 코치들과 다투었다.

아들이 중학생이 되었을 때는 미식축구 팀에 넣었는데, 체중 커트라인을 넘지 못했는데도 억지로 넣어서 전체적인 팀 수준을 낮추기까지 했다. 아들이 친구의 생일파티에 초대되었을 때는 아이를 데려다주고 나서도 파티 장소에 함께 계속 남아 있었다.

다행스럽게도 이 불쌍한 소년은 열여덟 살이 되자 자라기 시작했다. 고등학교 2학년을 마칠 무렵에는 근육도 생겼고, 수염의 흔적도 보였다. 또 청바지 사이즈도 32까지 늘어났다. 그녀는 아이를 따라다니던 것을 멈추었다. 마음속으로 그녀는 마침내 자신이 아들의 존엄성을 아들에게 완전히 '전달'해주었다고 안심할 수 있었다.

그러나 아들에게서 떨어지지 않는 그녀의 행동은 아들에게 자신의 남성성이 미약하다는 사실을 강조할 뿐이다. 세상은 경쟁으로 가득 차 있었고, 아이는 체격 면에서 여러모로 불리했다. 하지만 이것은 아이가 자라면서 스스로 감당해야 할 몫이다.

어쩌면 어머니들은 자신이 남성이 아니기 때문에 아들의 남성성을 맹렬하게 지키려고 하는 것일지도 모른다. 아버지들이 본능적으로 딸을 보호하려는 것과 마찬가지로, 어머니는 본능적으로 아들의 자존심을 지키려고 한다.

자애로움

자애로움은 넘치는 사랑이다. 어머니는 신체적 결점, 낮은 아이큐, 불 같은 성미, 고질적인 병 등을 꿰뚫고 아들의 영혼을 곧장 바라볼 수 있다. 그녀는 아들 안에 있는 아름다움을 볼 수 있다. 따라서 아무도 그 아이를 사랑해주지 않을 때에도 어머니만은 사랑한다. 어머니의 눈은 겹겹이 쌓인 단점을 뚫고 소년이 잃어버린 부분을 발견하기 때문에, 아무도 그를 사랑하지 못할 때에도 사랑을 줄 수 있다. 아버지도 아들에게 그런 사랑을 줄 수 있지만, 아버지보다는 어머니가 그런 능력이 훨씬 더 크다. 아니면 적어도 더 자주 그런 사랑을 준다. 왜냐하면 어머니는 아들과 경쟁관계에 있지 않으므로 아버지만큼 아들에게 많은 것을 기대하지 않기 때문이다.

모든 소년은 그런 자애로움을 경험할 필요가 있다. 자애로움만큼 소년의 성격을 극적으로 변화시키거나, 자존감을 확실히 높일 수 있는 것은 없다. 스스로가 사랑받기엔 부족하고, 충분히 똑똑하지 못하며, 성질이 못됐다는 것을 알면 소년은 엄청난 충격을 받는다. 어머니의 포용, 어머니의 인정을 경험하는 것은 남자아이들의 삶을 바꾸어놓을 만큼 결정적이다. 스포츠나 학업성적, 친구들 사이의 관계에서 실패했거나, 자기가 충분히 똑똑하지 못하고, 남자답지도 못하고, 그저 부족하다고 느끼는 아들에게 어머니가 팔을 벌릴 때, 소년은 사랑이 어떤 것인지 이해하기 시작한다. 중요한 것은 다른 사람으로부터 사랑을 받고, 또다시 그 사랑을 돌려주는 것이다. 가장 비참한 상태에 있는 자신을 어머니가 받아들일 때, 아이는 교훈을 얻는다. 그리고 조금 더 당당해지며, 자신을 신뢰하는 법을 배우게 된다.

감정 커넥터

남자가 처음에 여자에게서 매력을 느꼈던 자질들은 나중에 싫어하게 되는 바로 그 특징들이 된다. 여자도 남자를 보며 비슷한 경험을 한다. 몇몇 여자들은 남자들이 자기 일에 열중하는 모습에 매력을 느낀다. 하지만 시간이 지나면 자신의 남편이 일 중독자이며 집에 있는 시간이 없다고 불평한다.

남자들도 마찬가지다. 대부분의 여자들은 하루에 남자들보다 두 배 정도 많은 말을 한다는 연구결과가 있다. 여자들은 표현력이 있고, 그런 표현력은 어머니가 가족 내에서 가족구성원들을 감정적으로 연결시켜주는 역할을 한다. 아버지는 규칙을 정하고 해결책을 찾는 데 능한 반면, 어머니는 상대를 잘 이해한다. 처음에 남자는 표현을 잘 하는 그녀에게 끌린다. 하지만 시간이 지나면 그는 대꾸하는 데 지쳐서 집에 들어오지 않는다.

여자들이 더 표현을 잘하고, 더 터놓고 이야기하는 편이라는 점은 아들에게 매우 많은 도움이 된다. 어머니는 아들의 감정과 생각에 대해 가르치고, 아들이 그것들을 편안하게 느끼도록 돕는다. 이것만으로도 남자아이는 어머니와 건강한 관계를 성립할 수 있으며, 더 중요한 것은 이것이 다른 사람들과 건강한 관계를 성립하는 데에도 도움이 된다는 것이다.

어머니는 아들이 자신의 감정을 말로 표현하는 것을 불편해하지 않도록 가르칠 수 있다. 또한 언제, 어떻게 자신의 감정을 말로 표현할지를 스스로 선택할 수 있다는 것도 가르칠 수 있다. 또 여자아이들에 대해서도 가르쳐줄 수 있다. 다양한 나이대의 여자를 대하는 방법과 아이의 눈에 우스꽝스럽게 보일 수 있는 여성들의 행동에 대해서도 이해하도록 가르친다. 여자아이와 남자아이가 다른 것은 인간 본성의 두 가지 이로운 측면이라는 사실을 알려준다. 나중에는 여성이 생각하는 방식과 그 이유를 이해하고 더 쉽게 받아들일 수 있도록 아들을 도울 수도 있다.

때때로 어머니들은 너무 많이 설명하고, 너무 많은 말을 해서 아들을 괴롭힌다. 어머니는 아들이 다른 사람을 이해하도록 도움을 주지만 아들이 그것을 다른 방식으로 할 수도 있다는 것을 이해해야 한다. 성인이 된 남자들은 매번 말을 통한 의사소통으로 유대감을 형성하지는 않는다. 그들은 느낌이나 감정을 나누기보다 종종 행동을 통해 유대감을 형성한다. 유대감을 형성하는 행동은 스포츠를 같이 하거나 취미를 같이 즐기는 것 등 어떤 일을 통해서든 가능하다.

어머니는 아들이 스스로를 편하게 받아들이고, 다른 사람들과 깊은 유대감을 형성하고, 그런 과정을 스스로 존중할 수 있도록 돕는다는 애초의 목표를 기억해야 한다. 어머니는 더 많은 말로 열렬히 교훈을 가르치려 하지만 아들은 자라면서 사고도 함께 성숙해지며, 어머니가 말하려는 것을 금세 알아차린다. 그리고 어머니가 가르치려는 교훈이 자신의 생각과 일치하면 금방 받아들일 수 있다.

어머니가 몸으로 보여주는 애정표현은 아들이 다른 사람들과 애정 어린 관계를 갖는 것을 더 편하게 느끼게 해준다. 어머니와 나누는 허물없는 대화는 아들이 자신과 다른 사람의 생각을 이해하는 데 도움을 준다. 아들의 눈에 어머니가 신뢰할 만한 사람이라면, 그는 다른 여자들도 신뢰할 수 있게 된다. 또 어머니가 가진 여성성의 많은 부분은 아들이 다른 사람들과 더 견실한 관계를 맺을 수 있는 길을 열어준다.

사랑이 옆길로 샐 때

어머니의 사랑이 종종 옆길로 샐 때도 있다. 그것이 현실이다. 어머니들은 가끔 지치고, 아이들에게 속거나 실수를 저지르기도 한다. 그녀들은 사과를 하고 싶을 때 소리를 지른다. 집에서 아이들과 있어주지 못하고 일을 하러 갈 때 죄책감을 느낀다. 또한 모든 부정적인 가능성에 대해 늘 걱정한다.

하지만 그런 부담을 조금은 줄일 수 있는 쉬운 방법이 하나 있다. 그리고 이것은 당신과 아들 모두에게 쉴 수 있는 시간을 줄 것이다. 자녀를 키우는 과정에서 가장 중요한 순간 중 일부는 단순히 아이들과 함께 시간을 보내고, 삶의 가장 일상적인 일들을 함께 나누는 것으로 이뤄져 있다.

어머니들은 종종 다른 어머니들과 자기를 비교하면서 부족하다고 느낀다. 하지만 어머니 노릇은 경쟁이 아니다. 어머니로서 존재하는 것만으로 충분하다.

피어 프레셔는 어머니들의 삶에 가장 강력하게 영향을 미치는 것들 중에서 선두를 달린다. 그것은 자식의 양육 방식을 완전히 뒤바꿀 수도 있다. 어머니들 사이의 피어 프레셔는 보통 아들에게 나쁜 영향을 미친다. 피어 프레셔가 더 나은 결정을 하게 하는 일은 좀처럼 없다. 오히려 어머니들에게 직감에 반하는 행동을 하게 만들기 때문에, 아들에게 해로울 수밖에 없다.

어머니는 아들이 부딪히는 또래의 압력에 대해 끊임없이 걱정한다. 하지만 부모들이 경험하는 피어 프레셔가 아이에게 훨씬 더 큰 영향을 미친다.

아들이 하고 있는 과외활동의 수가 얼마나 되는지 생각해보자. 조니가 피아노 레슨, 축구교실, 풋볼 연습을 모두 하고 있는 이유는 다른 어머니들도 아들에게 두세 가지 과외활동을 시키기 때문이다. 어머니는 자기 아들이 다른 아이들과 비슷해져서 친구들 사이에서 잘 어울리기를 바란다. 그것은 당연한 욕구이다. 하지만 조니를 피아노 레슨, 축구교실, 풋볼 연습에 모두 등록시킨 이유가 다른 어머니들이 자식에게 두세 개의 과외활동을 시키기 때문이라면, 그것은 잘못된 것이다. 게다가 어떤 소년들에게는 과외활동이 부담이 될 수 있다. 아이에게는 과외활동이 더 많이 필요한 것이 아니라 당신과 '함께하는 시간'이 더 많이 필요하다. 그런데도 어머니들은 여러 가지 과외활동에 아이들을 등록시킨다.

미국은 전 세계에서 가장 부유한 나라이다. 하지만 지난 5년간 항우울제와 불안완화제의 사용량은 더욱 늘어났다. 왜 그럴까? 어머니와 아버지들은 직장과 집에서 요구되는 일들, 그리고 이웃들을 따라잡는 데 필요한 일에서 부담감을 느낀다. 생활비와 교육비를 벌어야 하는 부담감도 느낀다. 하지만 옆집 사람들을 따라잡을 필요는 없다. 그저 비를 피할 수 있는 집이 있다면 충분하다. 그리고 아이들을 정신적·육체적으로 건강하게 키우면 된다. 아이에게 더 많은 과외활동을 시키기 위해서 더 많이 일하지 말고 가족과 함께 산책을 하러 나가자.

피어 프레셔는 아들의 성장과 행복을 위해 자신을 바치고, 무슨 일이든 하려는 어머니들의 부담감을 지속시킨다. 하지만 많은 경우—사실 거의 모든 경우—에 어머니 노릇을 잘해야 한다는 의무감, 또는 적어도 주위의 친구들보다는 더 잘해야 한다는 의무감 때문에 스트레스를 받는 어머니와 아들은 행복을 느끼지 못한다.

캐럴라인이 여섯 달 된 쌍둥이를 데리고 진료실을 찾았을 때, 나는 이 방문이 길어질 거라는 걸 예감했다. 캐럴라인의 어머니도 따라왔던 것이다. 나는 쌍둥이 아기인 케일럽과 코너가 유모차에 앉아 있는 것을 보았다. 캐럴라인은 지쳐 보였고, 어깨는 축 처져 있었다. 그녀가 케일럽에게 치리오(시리얼의 한 종류—옮긴이)를 한 알 먹이려고 몸을 기울였을 때, 어깨가 굽어 있는 것이 눈에 띄었다. 분명 그녀는 옷을 차려입었고, 피로를 숨기려는 듯 두꺼운 화장을 했다. 그녀와 이야기를 나누는 동안 나는 그녀의 오른쪽 입술만 움직이고 있다는 걸 알았다. 왼쪽 눈꺼풀과 왼쪽 입술은 아래로 떨어져 있었다. 캐럴라인의 목소리가 갈라졌다. 그녀는 그것을 감추려고 목을 가다듬었다. 그녀는 나와 어머니에게 자신이 엄청나게 잘해내고 있다는 걸 보여주려 했다. 하지만 나는 그녀의 증상을 알아차렸다. 캐럴라인은 안면신경 마비를 앓고 있었다.

나는 아이들의 발달상태, 식습관, 수면 패턴 등에 대해 질문했다. 그녀는 열심히 대답했지만, 모두 단답형이었다. 내가 쌍둥이들을 진료 테이블 위로 놓으려 하자, 그녀는 재빨리 일어나서 도왔다. 내가 케일럽을 진찰할 때, 그녀는 케일럽을 진정시키는 동시에 코너와 놀아주었다. 내가 코너를 진찰하자 이번에도 그녀는 한 번에 두 아이에게 집중하는 일을 계속했다.

캐럴라인의 어머니는 옆에 있는 플라스틱 의자에 앉아 참을성 있게 기다리고 있었지만, 나는 진료실에 들어선 순간부터 그녀가 말을 하고 싶어 안달이 났다는 것을 알고 있었다. 캐럴라인의 어머니는 진료시간이 끝나가는 걸 확인하고는 불쑥 말을 꺼냈다. "미커 선생님, 저는 캐럴라인이 너무 걱정돼요."

"엄마, 그만둬요. 제발, 그만." 캐럴라인이 막았다.

"아니, 아니야. 이건 중요한 일이야. 우리한테는 선생님 의견이 필요해." 어머니는 계속 고집을 부렸다.

"뭐가 걱정되세요?"

"미커 선생님, 저는 캐럴라인의 건강이 걱정돼요. 캐럴라인한테 안면마비가 온 건 선생님도 아마 보셨을 거예요. 담당 의사가 스테로이드 종류의 약을 처방해줬어요. 그리고 캐럴라인은 너무 많이 울어요. 의사는 우울증이 있다면서 그에 대한 약도 처방해줬어요. 캐럴라인은 몇 달 전부터 약을 먹기 시작했는데, 약이 잘 듣는 건지 알기가 어려워요. 하루종일 지쳐 있거든요. 보시다시피 얘는 거의 잠을 못 자요. 쌍둥이 중 하나가 몇 시간마다 깨서는 젖을 달라고 보채거든요. 게다가 모유 수유를 고집하느라 제가 아이들에게 우유병을 물려줄 수도 없어요. 그리고 캐럴라인은 아이들에게 연달아서 한꺼번에 젖을 물리려고도 하지 않아요. 아이들이 원할 때 먹이려고 하거든요." 어머니가 한동안 말을 멈추자 캐럴라인이 끼어들었다.

"엄마, 엄마는 이해를 못해요. 요즘은 많이 달라졌다고요. 아이들에게는 모유가 꼭 필요하다고요. 많은 자료들을 읽었지만, 아기들은 모두 원하는 때에 젖을 먹어야 한다고 했어요. 엄마 시대에는 그렇게 키우지 않았잖아요."

그녀는 열심히 자신이 옳다고 주장했지만, 사실 그렇게 하지 않아도 된다고 설득당하고 싶어 한다는 것이 느껴졌다.

"잠깐만요. 정리해볼게요. 캐럴라인, 당신은 아이들이 원하는 때 모유 수유를 하려고 하고, 얼굴 반쪽이 움직이지 않아서 스테로이드를 복용하고 있고, 또 우울증 때문에 매일 우울증 약도 먹는군요." 내가 말했다.

"맞아요." 그녀가 인정했다.

"당신이 혼란스러워하고, 지치고, 죄책감을 느끼고 있다는 걸 알겠어요. 당신이 처한 상황은 보통의 엄마들이 느낄 만한 것들이에요." 나는 그녀의 반응을 기다렸다.

"네." 그녀가 마지못해 고개를 끄덕였다.

"당신 생각에, 아이들에게 행복한 엄마가 필요할 것 같은가요, 아니면 모유 수유가 더 필요할 것 같나요?"

그녀는 이 질문에 놀란 것 같았다. 하지만 이내 이렇게 대답했다. "모유요. 아이들의 면역체계를 신장시키고 질병에 걸리는 것도 막아줘요. 모유에는 다른 데서는 얻을 수 없는 항체들이 있어요. 게다가 모유 수유를 하면 아이들과 유대감을 형성하는 데 도움이 돼요. 아기들이 모유를 먹으면 정서적으로 만족감을 느낀다는 걸 읽은 적이 있어요. 그러니 어떻게 아이들에게 모유를 주지 않을 수 있겠어요?"

아이를 사랑하고 열정적인 여느 엄마들처럼, 캐럴라인은 인터넷에서 모유 수유에 대한 정보를 바쁘게 찾아다녔고, 꽤 많은 정보를 찾아냈다. 그녀가 읽은 것들의 대부분은 사실이다. 물론 잘못된 정보도 있었다. 하지만 무엇보다 심각한 문제는 그녀가 완전히 삶의 균형을 잃어버렸다는 것이었다.

캐럴라인의 본능은 그녀가 잠을 더 자야 하고, 복용하는 약(그녀의 가슴과 모유에 남아 있을)이 아기들에게 좋지 않으며, 그들 네 가족(그녀는 남편의 의견에 대해선 관심도 없었다)은 그녀가 모유 수유를 그만두면 더 건강하고 행복해질 거라고 말하고 있었다.

그런데 왜 그녀는 모유 수유를 그만두지 않을까? 바로 피어 프레셔 때문이다. 대부분의 어머니들은 친구들, 의사, 육아 관련 책들로부터 가능한 한 모유 수유를 하라는 엄청난 압박을 받는다. 물론 나도 모유 수유를 지지하지만, 어머니들이 각자의 상황과 상식을 더 따르는 것을 권장한다.

오랫동안 이야기를 나누면서 나는 캐럴라인에게 아이들은 모유를 먹는 것보다 수면부족에 시달리지 않는 어머니가 더 필요하다고 설득하려 애썼다. 나는 그녀에게 젖을 떼고, 젖병에 분유를 타서 먹이고, 다른 사람들의 도움을 받고(아버지가 아기들에게 우유를 먹이면서 유대감을 조금 형성하는 것은 어떤가), 잠을 좀 자라고 설득했다.

그녀는 고개를 저었다. 나는 산후우울증의 심각성에 대해 설명했고, 모유 수유로 인한 옥시토신의 증가가 우울증을 심화시킨다는 것을 말해주었다. 또한 어머니의 우울증이 아이들에게 미칠 잠재적 영향에 대해서 이야기했다.

그녀는 완강하게 저항했다. 두말할 필요 없이 그녀는 아이들을 위해서라면 자신의 건강을 포함해 (그리고 아이러니하게도 그녀 가족의 건강과 행복도 포함하여) 뭐든지 희생할 거라고 말했다. 모유 수유를 포기하는 건 선택사항이 아니었다. 어머니들은 매우 경쟁적이다. 나는 캐럴라인의 마음 한구석에 슈퍼맘이 되고 싶은 욕심이 있다는 것을 알아차렸다. 그녀의 친구들은 한 번에 한 명만 모유 수유를 했다. 하지만 그녀는 둘이나 하고 있었다. 그녀의 어머니는 내게 캐럴라인이 상식에 맞게 행동하도록 설득해달라고 애원했다.

"음, 내 생각을 말할게요. 저 아기들이 내 아들이었다면, 나는 아기들의 몸에 스테로이드나 항우울제가 그렇게 오래 공급되는 걸 원하지 않을 거예요." 캐럴라인은 나를 빤히 쳐다보았다. 그녀는 입술을 꽉 깨물었다가, 이내 긴장을 풀었다. 그 순간 그녀의 구부정했던 어깨가 펴졌다. 그리고 그녀는 자신의 엄마를 쳐다봤다.

"음, 좋아요. 젖을 조금 떼도록 할게요."

때때로 아들을 둔 엄마들은 이성을 잃는다. 그냥 그렇게 된다. 아들을 정신적으로 건강하고, 육체적으로 강인하게 만들고, 발달에 뒤처지지 않기를(대개 부모는 자기 아들이 더 빨리 자라길 바란다)바라는 마음에서, 상식을 던져버린다. 어머니들은 다른 사람들이 자신보다 자식을 키우는 더 나은 방법을 알고 있다고 믿는 실수를 저지른다. 그래서 그들은 또래 어머니들 그룹의 우두머리를 따른다. 덧붙여 말하면 10대 자녀를 둔 부모들이 이런 모방에서 가장 최악의 모습을 보인다.

어머니로서 자신의 직감을 따르는 것이 다른 어머니들과 비교하며 따라하는 것보다 더 낫다. 어머니들은 자신이 하는 일들을 왜 하고 있는지 자세히 살펴볼 필요가 있다.

우리 모두가 알아야 할 한 가지 사실은, 어머니는 아들에게 더 많은 것을 주고 싶어 하지만, 사실 남자아이들은 더 적게 받아야 한다는 것이다. 소년들은 장난감을 더 줄여야 하고, 옷도 더 적어도 된다. 그들에게는 어머니와 아버지와 함께하는 시간이 더 필요하며 스케줄은 더 줄여야 하고, 대신에 지루해 할 시간이 더 필요하다. 그렇다. 지루해야 한다. 그래야 아이들은 자신의 상상력과 창조력을 이용해서 무엇을 할지 찾아낼 수 있다. 소년들은 전자기기의 화면을 쳐다보는 시간을 줄이고, 사람들과 얼굴을 직접 마주보고 만나는 시간을 늘려야 한다. 텔레비전, 비디오 게임, 옷, 휴대폰 사용, 운동경기, 취학 전 교육을 줄이는 것은 어머니의 스트레스를 줄여주고, 아들에게는 자기 정체성에 대해 고민하고 삶을 목표를 찾는 데 쓸 시간을 준다.

하지만 오늘날 남자아이들의 삶에는 전자기기, 운동경기, 옷, 운동화 등이 지겹도록 차고 넘친다. 왜냐하면 아이의 어머니(와 아버지)가 자연스러운 삶을 살지 않고 이웃들의 삶의 방식, 즉 주위에서 볼 수 있는 방식에 따르기 때문이다.

모성의 갈등

집착

아들이 어머니의 삶으로 들어오면, 그녀에게는 어린 시절의 많은 감정들이 일어난다. 아들을 포대기로 감싸 품에 안을 때, 그녀 안에서 오래전에 억압되었을지 모르는 수많은 감정들이 폭발하게 된다. 이런 현상은 정상적이며, 종종 부모가 보이는 건강한 반응이다.

때때로 이런 감정들은 따뜻하고 기분 좋은 것들이다. 신뢰의 감정, 애정, 안정감 등을 다시 체험하는 것이다. 때로는 그 감정들이 버림받는 느낌, 두려움, 당혹스러움 등과 같이 고통스러운 것일 수도 있다. 많은 어머니들이 무섭고 당혹스럽게 느껴지는 무수히 많은 감정들을 경험한다.

브루노 베틀하임 박사에 따르면, 어머니가 불행한 어린 시절을 보냈다면 그녀는 아들의 행복한 모습에 반응을 보이지 않으려 할 수도 있다고 한다. 그녀는 아들의 행복을 불편하게 느끼고, 따라서 아이의 행복을 받아들이지 않으려고 냉담하게 굴며 무관심해진다. 이것은 마치 우울한 사람들이 활기 넘치는 친구들을 짜증스러워 하는 것과 비슷하다.

어머니는 아들을 통해서 자신의 어린 시절을 다시 경험한다. 신뢰감, 버림받는 기분, 애정, 안정감 등의 감정을 느낀다.

하지만 많은 경우 아들은 어머니의 마음속 깊은 곳에 자리 잡은 고통을 유발시킬 수도 있다. 남자로부터 (특히 아버지로부터) 성적 학대를 받은 여성들은 아들과의 관계에서 심각한 어려움에 직면한다. 아들의 출생이 어머니에게 과거에 학대당했던 억눌렸던 기억들과 그에 수반되는 공포와 불안감을 촉발시키는 것은 드문 일이 아니다.

만약 어머니가 자신의 아버지와 좋은 관계를 가졌다면 (그리고 아이의 아버지와 좋은 관계라면) 그녀가 느끼는 감정들은 긍정적일 가능성이 크다. 하지만 아버지와의 관계에서 문제가 있었거나, 이혼을 하거나 싱글맘이면서 자신에게 감정적으로 어떤 일이 일어나는지 깨닫지 못한다면, 아이의 엄마는 자신의 과거 경험에서 얻은 추한 감정들이 아들 때문에 생겼다고 여기게 될 것이다. 그러면 그녀와 아들은 심각할 정도로 복잡한 관계를 형성하게 된다.

어머니가 아들에게 느끼는 감정들은 그녀가 다른 남성들, 또는 어렸을 적에 알았던 남자아이들과 싸웠던 경험들로 덧입혀져 무척이나 복잡해질 수 있다. 하지만 어머니는 언제나 아들에 대한 자신의 감정을 가능한 한 솔직하고 명확하게 유지하려 해야 한다. 아들에 대한 애정과 다른 사람에 대한 감정을 혼동해서는 안 된다. 아들의 남성성을 사랑해야 하며, 그 사랑을 다른 남자들에 대한 사랑으로 왜곡해서는 안 된다. 아들에 대해 실망할 때는 반드시 아이가 한 행동에 대한 실망이어야 하며, 그 실망이 자신이 과거에 다른 남자들에게 당했던 것들로부터 온 것이어서는 안 된다.

어머니가 현재 아들과의 관계를 과거에 다른 남자들과 가졌던 나쁜 경험과 분리하지 못한다면, 아들에 대한 그녀의 사랑은 다음의 네 가지 패턴으로 표출된다. 그것들은 집착, 소원함, 과잉의존, 부재이다.

어머니와 아들 사이의 집착은 그녀가 자신과 아들의 경계점을 구분하지 못할 때 일어난다. 어머니는 아들의 감정을 느낀다. 아들이 어머니의 감정을 느끼는 경우도 매우 많다. 아들의 아픔은 그녀의 아픔이고, 아들의 불안은 또한 그녀의 것이다. 어머니는 아들로부터 감정적인 자아를 '떼어내지' 못하기 때문에, 아이가 곤경에 빠지면 그것을 함께 경험하고, 또한 그것을 고치기 위해서 뭐든 할 것이다.

자신의 삶이 공허하다고 느끼는 어머니는 집착이 강하다. 그녀는 자기의 삶을 의미 있게 해줄 존재에게 매달려야 하기 때문이다. 그런 어머니는 좀 더 깊은 수준에서 만족을 얻기 위해서 자신의 아들과 아들의 감정, 아들의 필요와 욕구들을 자기 자신과 융화시켜버린다.

하지만 문제는 그렇게 해도 절대로 만족을 느낄 수 없다는 것이다. 따라서 그녀에게 아들은 늘 부족하게 느껴진다. 하지만 어머니는 자신이 원하는 대로 아들의 삶을 만들거나 조정할 수 없으며, 아들은 끊임없이 실망을 안겨주는 존재가 된다. 그런 어머니를 둔 아들은 어머니가 감정적으로 자신에게 집착한다는 것을 느낀다. 그리고 이런 집착은 자연스럽게 불편한 감정으로 이어진다. 《천국과 지옥의 이혼(Great Divorce)》(C.

S. 루이스의 신학적 판타지 소설—옮긴이)에 나오는 이야기에서 엘리샤의 어머니는 아들을 강제로 떠나야만 한다. 그녀는 아들의 삶에 거머리처럼 들러붙어 있었지만, 떨어져야 할 시간이 오자 너무 괴로운 나머지 비명을 지른다. 그녀는 아들을 떠나보낼 수가 없다. 아들이 그녀에게서 벗어나려고 할 때는 마치 살이 찢겨져나가는 것 같은 고통을 느낀다.

허전함과 불안함을 느끼거나 자기 삶의 깊은 공허감을 채우려는 열망으로 몸부림치는 어머니들은 엄청난 주의를 기울여야 한다. 허전함은 채워질 수도 있고, 공허함을 채우려는 열망도 만족될 수 있다. 하지만 그것을 아들을 통해 얻으려 해서는 절대 안 된다.

소원함

소원함은 집착의 정반대이지만, 종종 같은 원인에서 비롯되기도 한다. 어머니가 이혼을 했거나, 싱글맘이거나, 성적 학대의 경험이 있는 경우에 그렇다. 이 경우 어머니는 아들이 단순히 남성이라는 이유로 관계에서 소원함을 느낀다. 그녀는 남자아이들이 할 만한 일반적인 장난도 악의가 있다고 여긴다. 또 아들이 그녀의 애정을 원할 때, 아들이 '계집애 같은 아이'가 되지 않도록 밀어내버린다. 아이가 10대가 되면 그녀는 전 남편이나 가정을 돌보지 않았던 아버지를 떠올리게 하는 아이의 행동에 대해 끊임없이 질책하기도 한다.

종종 이런 어머니들은 아들의 자신감을 약화시킨다. 그녀는 친구나 딸, 자신의 어머니 등 다른 여자들에게는 관심을 기울이면서 아들의 욕구를 가볍게 무시한다. 그녀는 딸에 대한 애정은 말로 표현하지만 아들에게는 좀처럼 애정을 표현하지 않을 수도 있다. 또 아이 아버지의 단점이나 아들의 단점에 대해 농담을 하면서 비아냥거리기도 한다.

아들은 자신이 남성이라는 이유로 거부되고 있다는 것을 깨달으면, 어머니에게서 멀어지려 한다. 그러면 결국 어머니는 더 멀리 거리를 두게 된다.

과거에 남성들로부터 나쁜 경험을 당한 어머니라면 그런 경험을 극복하고 자신의 아들은 한 명의 개인으로서, 자신에게 상처를 준 남자들을 대변하는 존재가 아니라는 사실을 받아들여야 한다.

이혼을 한 어머니, 특히 이혼 과정에서 크게 불화를 겪은 어머니는 더욱 주의를 기울여야 한다. 부부 사이에 갈등이 있으면, 어머니는 자신도 모르게 아들에게 자주 화풀이를 한다. 사실 너무나 많은 소년들이 부모의 이혼 때문에 '집중공격'을 받는다. 이혼과 관련해서 주의해야 할 사항이 하나 더 있다. 아들은 부모가 이혼한 뒤에 어머니를 지나치게 보호하려는 경우가 많다. 장남은 자신이 '가장' 노릇을 해야 한다고 느끼기도 한다. 그것은 분명 책임감과 어머니에 대한 사랑 때문이지만, 아직 미숙한 소년이 그렇게 무거운 감정적, 정신적 부담을 짊어져서는 안 된다.

이혼은 부모뿐만 아니라 아들에게도 엄청난 타격을 입힐 수 있는 비극이다. 예전에는 평범했던 소년이 부모가 이혼한 뒤에 갑자기 나이에 맞지 않는 행동을 보일 수도 있다. 자녀에게 줄 수 있는 가장 좋은 선물은 어머니와 아버지가 모두 존재하는 사랑이 넘치는 가정이다. 지금 그것을 가지고 있다면, 잘 지키도록 하라.

과잉의존: 마마보이

어머니와 아들이 건강한 감정적 유대감을 가지는 것과 아들이 어머니에게 지나치게 의존하여 '마마보이'가 되는 것 사이에는 엄청난 차이가 있다. 안타까운 일은 많은 어머니들이 아들과 감정적으로 유대감을 느끼는 상태를 과잉의존으로 잘못 해석하고는, 너무 일찍 아들을 밀어내버린다는 것이다. 건강한 유대감과 과잉의존에는 큰 차이가 있다.

대부분의 유아기 남자아이들은 어머니에게 매달린다. 가끔은 말 그대로 엄마에게 들러붙고 싶어 한다. 아이가 걸음마를 떼기 시작하면, 주위를 조금씩 돌아다니기 시작하지만 항상 어머니에게로 돌아온다. 초등학생이 되면 아이는 걸음마 시절의 '돌아다니다가 엄마에게 돌아오기' 패턴을 그대로 반복하지만, 심리적으로 아이가 안정감을 느끼는 거리와 안전한 엄마의 품으로 돌아오기까지의 시간은 늘어나게 된다. 자라나는 소년들은 자신들의 늘어나는 독립성을 소중하게 여긴다.

과잉의존은 어머니가 아들에게 '네게는 엄마가 필요하다'는 메시지를 지속적으로 전할 때 일어난다. 어머니는 아들에게 옷을 입히고, 밥을 해주고, 여러 장소로 차를 태워다주고, 숙제를 도와주고, 모든 면에서 아이와 함께하며, 아무도 이런 어머니를 대신할 수 없다. 이런 관계는 아들에게 더 해로운데, 아버지는 자신에게 중요한 역할을 맡고 있지 않다는 메시지를 전달하기 때문이다. 이것은 아버지에게도 매우 괴로운 일이다. 어머니는 자신만이 아이를 가르칠 수 있기 때문에 아이의 숙제도 자신이 도와줘야 한다고 생각한다. 이런 상황에서 아들은 혼자서는 잘할 수 없다는 '교훈'을 배운다. 물론 대부분의 애정에 굶주린 엄마들은 아들이 감지하기에는 너무 미묘한 방식으로 메시지를 전달한다. 아이가 느끼는 것은 단지 기분이 아주 나쁘다는 것이다.

자신의 아버지와 관계가 좋지 않았거나, 힘든 이혼을 겪은 어머니가 이런 행동을 할 가능성이 높다. 남성들로부터 상처를 받았기 때문에 자존감에 큰 타격을 받았고, 그런 상실감을 의도적으로 채우려는 과정에서 이런 어머니는 아들의 삶에서 엄청나게 중요한 존재가 되는 것을 택

164

한다. 그리고 아들이 자신의 애정을 바라고, 자신만을 바라보는 것이 남성과 적대적이지 않은 관계를 가질 수 있는 자신의 능력을 증명하는 것이라고 생각한다. 하지만 안타깝게도 과잉의존은 소년의 감정 발달을 둔화시킨다.

부재

20세기 중반부터 후반에 이르는 동안 어머니들은 새로운 열정을 가지고 노동인구에 합류했다. 그들 중 많은 이들이 가정을 버렸다는 비난을 받았다. 또 어린이집이 아이들에게 미치는 영향, 또는 어머니의 부재가 아이들의 심리적 발달에 미치는 영향 등을 주제로 한 다양한 연구들도 많이 발표됐다.

집에서 전업주부로서 아이들을 키우는 어머니와 밖에서 일을 하는 어머니, 모두가 사방에서 압박을 느꼈다. 집에서 아이를 키우는 여성들은 자신이 무능하다는 생각, 낮은 자존감, 가족에게 돈을 벌어다 주지 못한다는 걱정으로 괴로워했다. 반면 집 밖에서 일을 하는 여성들은 아이와 떨어져 있다는 것에 대해 죄책감과 슬픔을 경험했다. 내 경우에는 남성들로 점령되었던 경제계, 법조계, 의료계 및 다른 직장 세계를 변화시켜 여성들도 수용하게 만들려는 새로운 결의를 다지고 맹렬히 달려든 여성 세대의 일원이었다. 우리는 제한된 선택권이나 무시당하는 것에 지긋지긋해진 여성들이었고, 가정을 유지하고 자녀를 보살피는 일상적인 일들에 그저 싫증이 난 경우도 있었다.

원하는 라이프스타일을 선택하는 일이라면 다양한 라이프스타일을 지지하고 격려하는 연구자료들과 책을 찾을 수 있다. 하지만 아이를 키우는 일에 대해서는 긍정적인 연구나 조언을 찾기가 힘들다. 나는 어머니들이 자신에게 솔직하고 강인하다면, 자기 아들에게 필요한 것을 스스로 알 수 있을 거라고 믿는다. 우리는 아들이 태어난 순간 본능적으로, 아이가 어머니나 아버지와 감정적으로 강한 애착을 형성해야 한다는 것을 깨닫는다. 그런 유대감을 통해서 아이는 자신이 사랑받을 가치가 있음을 신뢰하게 된다고 생각하기 때문이다.

많은 사람들이 부모가 아니더라도 처음 1~2년 동안 아기의 기본적인 욕구를 충족시켜주면, 심리학적으로 아이에게는 문제가 없을 것이라고 주장한다. 심지어 그런 연구결과도 나와 있다. 하지만 어머니는 아들에게 다른 사람이 아닌 자신이 필요하며, 자신 또한 아들과 유대감을 갖는 것이 필요하다는 사실을 잘 알고 있다.

남자아이들은 오랜 시간에 걸쳐 지속적으로 어머니와 감정적인 유대감을 형성해야 한다. 생후 1~2년 동안 이런 유대감 형성에 실패한 남자아이들은 이후 오랫동안 애착 형성에 어려움을 겪고, 다른 사람들과 건강한 애착을 형성하지 못할 수도 있다. 소년들은 어머니(또는 지속적인 어머니상)가 곁에 없거나 기댈 수 없을 경우, 다른 사람들을 신뢰하거나 다른 사람과 유대감을 잘 형성하지 못하기도 한다.

과거에 구소련에서 미국으로 건너왔던 고아 소년들을 살펴보면 그 사실을 잘 알 수 있다. 많은 아이들이 미국 가정에 입양되었는데, 특히 나이가 많은 소년들은 심각한 애착장애를 보였다. 이 고아 소년들 중 대부분이 겉으로는 조용하고 순응적이고 상냥했다. 하지만 내적으로는 거의 텅 비어 있었고, 많은 아이들이 감정적으로 결핍된 상태였다. 이 아이들이 불편해하지 않는 유일한 감정은 분노와 적대감이었다. 그 소년들의 유아 시절 환경이 그 이유를 설명해준다.

내 환자였던 앤드류는 우크라이나에서 태어났다. 앤드류의 친모는 너무 가난해서 아이를 고아원에 맡겼다. 앤드류를 입양한 어머니가 들은 바로는 고아원에서 앤드류는 아기침대에 누워 있었고 우유도 하루에 여러 번 먹었다고 한다. 하지만 침대에서 나와 사람의 품에 안긴 것은 일주일에 한두 번뿐이었다. 앤드류는 생후 1년이 아니라 2년째 되던 해에야 첫 걸음마를 뗄 수 있었다. 아기침대 밖으로 나올 기회가 전혀 없었기 때문이다.

간단히 말해서, 앤드류는 버림받는 아픔을 깊이 경험했다. 버림받는 것은 인간이 경험할 수 있는 가장 괴로운 경험이다. 앤드류는 사람의 손길, 애정, 눈 마주침, 사랑 등을 받을 기회를 잃었고, 살아남는 데 필요한 최소한의 열량만을 공급받았다. 아무도 옆에 없었기 때문에, 앤드류는 육체적·심리적·정신적으로 깊은 공허감을 경험했다. 나는 태어난 지 몇 달 안 되는 신생아도 어느 정도 자신의 가치를 이해한다고 생각한다. 만약 그 욕구가 부모가 아니라 다른 사람에게서라도 충족된다면 아이는 스스로를 가치 있다고 느낀다. 하지만 그렇지 못하다면 아이는 근본적으로 자신이 무가치하다고 느끼게 된다.

앤드류에게는 자신을 위해 곁에 있어준 의미 있는 사람이 단 한 명도 없었다. 그 아이는 존재감이 없었고, 아마 자신도 그렇게 느꼈을 것이다. 감정적으로 안정감이 부족했기 때문에 소리 내어 웃지도, 미소 짓지도 못했다. 어렸을 때 어떤 애정도 받지 못했기 때문에 앤드류 역시 성장하면서 아무런 애정을 느끼거나 보여주지 않았다. 앤드류는 다른 사람으로부터 긍정적인 애정을 받는 일로부터 벽을 쌓았다. 그리고 분노나 적대감을 느낄 때 안전하다고 느꼈다. 그런 감정들은 어떤 안정감이나 가치 있는 것들을 기대하게 하지 않았고, 대신 일종의 통제력이나 '되갚아주는' 기분을 주었기 때문이다. 분노는 슬픔과 외로움, 비애를 표출하는 가장 안전한 방법이었다.

앤드류는 출생 후 6개월 동안 신체적·감정적 접촉을 주는 어머니가 없었기 때문에 감정적으로 자신을 유리집 속에 가두었다. 아이를 입양한 어머니는 앤드류가 그 유리집에서 나오는 것이 가능할지 염려스러웠다. 사실 어린이정신과 분야에서 최고로 손꼽히는 이 의사조차도 앤드류를 입양한 어머니와 같은 의문을 갖고 있다. 앤드류는 3학년이 되자 폭력성을 보였다. 다른 남자아이를 너무 세게 때려서 다리를 부러뜨린 것이다. 앤드류가 6학년이 되자 앤드류의 부모는 그 아이가 다른 형제들을 잠자는 동안 해치지는 않을까 심각하게 걱정하게 되었다.

앤드류의 어린 시절 양육환경은 부모의 부재가 한 소년에게 줄 수 있는 극도로 심각한 손상을 보여준다. 하지만 우리 주위를 둘러보면 어머니가 육체적·정신적으로 곁에 있어주지 못하기 때문에 애착장애를 겪고, 건강한 감정발달에 문제를 겪는 소년들이 의외로 많다.

술에 취한 어머니는 감정적으로 아들 곁에 있어줄 수 없다. 일 중독이거나 지나치게 유흥을 즐기는 어머니도 마찬가지이다. 우울증이나 강박장애, 주의력결핍장애를 앓거나 지나친 스트레스를 받는 어머니는 육체적으로나 정신적으로 아들 곁에 있어주지 못한다. 즉 많은 어머니들이 아이들 삶의 다양한 순간에 아이의 곁에 있어주지 않는다.

어머니들은 자신의 삶을 잘 들여다보고, 일과 자녀양육에 각각 어느 정도의 에너지를 쏟는지 꼼꼼히 살펴봐야 한다. 그런 다음 아들을 위해서 어떻게 하면 더 많은 시간을 함께할 수 있을지 고민해야 한다. 이것은 정말 어려운 일이다. 하지만 훌륭하게 아들을 키우기 위해서는 아이에게 쏟는 에너지를 잘 살펴보는 것이 필요하다. 소년들에겐 언제나 어머니의 시간, 관심, 애정이 필요하다.

많은 성인 남자들이 여성을 신뢰하는 데 실패하는 것은 어머니와 건강한 유대감을 경험해보지 못했기 때문이다. 만약 알코올중독이거나 일중독, 또는 다른 것에 정신이 팔린 어머니에게서 자란다면, 그 소년은 여성들로부터 도망치는 법을 배우게 될 것이다. 하지만 어머니에게서 받은 상처는 단순히 도망치는 것에서 멈추지 않는다. 그 소년은 더 모욕받지 않기 위해 여성과 거리를 둔다. 소년은 무의식적으로 자신이 어머니의 시간과 애정을 받을 가치가 없는 존재여서 어머니가 곁에 있지 않았다고 결론 내린다. 게다가 자신이 어머니로부터 그만큼 무가치하게 여겨진다면, 자신을 사랑할 의무가 없는 다른 사람들에게는 더 소중히 여겨지지 않을 것임에 틀림없다고 생각한다. 궁극적으로 자기애와 자기존중감은 약화되고, 소년은 깊은 외로움만을 느낄 뿐이다.

어머니가 아들에게 쏟는 육체적, 정신적 에너지는 아이에게 아주 중요하다. 어머니가 아들과 떨어져 있기로 할 때, 이유를 막론하고 아들이 받는 충격은 어머니가 생각하는 것 이상이다. 물론 때로 어머니에게도 불가피할 경우들이 있다. 이런 이야기를 하는 것은 죄책감을 불러일으키려는 것이 아니라(나 역시 직장에 다니는 엄마이다), 그저 사실을 이야기하기 위해서이다. 아들을 얻는 축복은 엄청난 책임감을 갖게 되는 것이라는 사실 말이다. 어머니로서 하는 모든 선택은 우리가 생각하는 것보다 훨씬 더 넓은 범위에까지 영향을 끼친다.

아들을 위해 어머니가 하는 선택들, 어머니의 애정과 신념은 아이의 성격 형성에 큰 영향을 끼친다. 어머니는 아들의 삶에서 강력한 영향력을 갖는다. 하지만 그 사실에 겁을 먹어서는 안 된다. 자신의 모성본능을 따르고, 동기를 점검하고, 최선을 다한다면 누구나 좋은 어머니가 될 수 있다. 소년들에게는 완벽한 엄마가 필요한 것이 아니다. 그저 그들의 곁에 있어주는 엄마면 된다.

제8장

아버지가 만드는 차이

남자를 키우는 일에는 남자가 필요하다. 어머니가 자신의 직감에 귀를 기울여야 하는 것처럼, 아버지는 아들의 말에 귀를 기울여야 한다.

남자아이가 건강한 남자로 성장하려면 그 방법을 몸소 보여줄 아버지가 필요하다. 그렇다면 싱글 맘은 사내아이를 키울 수 없다는 뜻일까? 그렇지 않다. 하지만 한 가지 확실한 것은 싱글 맘의 아들이 강인한 남성으로 자랐을 경우, 그 아이는 자라면서 훌륭한 남성과 가까이하고 어울렸을 가능성이 크다는 것이다.

아버지와 함께 사는 문제에 대한 미국 소년들의 상태를 살펴보자.

- 스무 살 이하의 아이들 중 67%가 양친과 함께 살고 있고, 27%는 편부모(대개 엄마)와 살고 있다.
- 10대 청소년의 67%는 생물학적 아버지와 같이 살며, 91%는 생물

학적 어머니와 같이 살고 있다.

- 흑인 아이들의 63%는 생물학적 아버지가 집에 없고, 히스패닉 계 아이들의 경우 35%, 백인 아이들은 28%가 생물학적 아버지와 같이 살지 않는다.
- 흑인 아이들의 80%는 어린 시절의 전체는 아니더라도 많은 부분을 아버지와 떨어져 지내는 것으로 예상된다.

이런 통계자료는 많다. 많은 소년들이 너무 많은 시간을 아버지의 영향을 받지 못한 채 보낸다. 우리는 이런 사실들을 잘 알고 있지만 문제를 직면하는 일에는 실패했다. 아버지의 부재가 소년들에게 미치는 영향에 관한 연구는 넘친다.

- 편부모 가정에서 자란 남자아이는 육체적, 감정적으로 고통을 받거나 공부를 등한시할 위험이 두 배로 높아진다.
- 성인 73%와 10대 청소년 68%는 "아버지가 집에 없는 경우 더 폭력적이고 범죄를 저지를 가능성이 크다"라고 대답했다.
- 편모 가정의 10대 소년들은 양친과 함께 사는 또래들보다 범죄를 저지를 가능성이 크다.
- 편부모(대개 편모) 가정에서 자라는 어린이들은 문제행동, 학업 등한시, 극단적 행동과잉, 사회성 결여, 욕구충족 연기능력(보상 또는 만족을 위해서 참을 수 있는 능력—옮긴이)의 부족, 약물 남용, 자살, 공공기물 파손, 폭력, 범죄행동 등의 위험이 높다.

이런 자료들은 더 많지만, 여기서 그만 하겠다.

아버지가 부재하는 가정은 급속도로 증가해왔고, 우리 사회와 소년들의 삶은 극적인 변화를 겪었다. 방금 본 자료를 반대의 관점으로 살펴보면, 양친이 모두 있는 가정에서 자라는 남자아이는 육체적, 감정적, 교육적으로 등한시될 가능성이 적다는 말이 된다. 학교에서 폭력을 저지를 가능성도 더 적다. 양친과 함께 자라는 남자아이는 문제행동, 학업 등한시, 과잉행동, 사회적 위축 등을 보일 위험이 줄어든다. 또한 욕구충족 연기능력을 더 잘 발달시킬 수 있고, 학교를 그만둘 가능성이 더 적다. 또 담배를 피우거나, 술을 마시거나, 어린 나이에 성관계를 갖고 잦은 성관계를 하거나, 마약에 손을 대거나 자살, 공공기물 파손, 폭력, 그 외의 다른 범죄행동을 할 가능성이 더 적다.

우리는 오늘날의 이 끔찍한 상황에 대해 많은 것들에 책임을 물을 수 있다. 성적 해방, 페미니즘, '성 중립적인' 사회에 대한 신념, 해로운 대중문화 등이 해당된다. 양친이 있는 안정적인 가족 안에서 소년들은 훌륭하게 자랄 수 있다. 어머니와 아버지는 다른 것으로 대체될 수 없으며, 각자 다른 이유로 아들의 삶에서 없어서는 안 될 존재이다.

아들에게 줄 수 있는 것

아들의 눈에 비친 아버지는 모든 정답의 근원이다. 아버지는 다음에 무슨 일이 일어날지 알고 있다. 그는 다른 사람들보다 똑똑하고, 더 강하고, 더 남자답다. 소년의 세계는 아버지가 주변 환경에 어떤 식으로 대처하느냐에 따라 다르게 형성된다. 아버지들은 권위자이다. 그들은 이미 규칙을 알고 있기 때문에 규칙을 세운다.

아버지는 또한 수호자이며 아들의 희망이다. 미래는 더 나을 것이고, 더 안전하고, 더 재미있을 것이다. 왜냐하면 아버지가 나쁜 것들을 다 쫓아버릴 수 있기 때문이다. 침대 밑에 있던 괴물은 아버지를 보고 달아나버린다. 아버지도 어렸을 적에 축구를 잘하지 못했다는 얘기를 들으면, 축구 코치로부터 듣는 핀잔에도 훨씬 덜 상처받는다.

훨씬 더 넓은 의미에서 보면 아들은 아버지를 바라보고, 무의식적으로 아버지의 특성 하나하나를 자신의 것으로 만들어간다. 언젠가는 자신도 아버지 같은 남자가 될 것이기 때문이다. 이런 영향은 너무 강력해서 부정적으로 작용하기도 한다. 매일 밤 술에 취해서 집에 들어오는 아버지의 모습을 보고 자란 소년들은 그렇지 않은 아이들에 비해 성인이 되었을 때 예전의 아버지와 똑같은 행동을 할 가능성이 더 높다. 남성성은 남성성을 낳는다. 그것이 좋은 것이든 나쁜 것이든 말이다.

아버지가 경험하는 최고의 순간은 아들이 아버지의 특성을 따라하고, 그것을 자신의 것으로 만드는 것을 볼 때이다.

아버지와 아들 관계의 멋진 점은 두 사람 모두 무의식적으로 같은 목표를 바라고 있다는 것이다. 아버지는 자신의 제일 멋진 모습이 아들의 일부가 되어, 자신이 '영원'할 수 있길 바란다. 아들은 자신의 특성이 아버지의 것과 융합되기를 바란다. 두 사람의 이런 열망은 모든 남성들에게 내재된 건강한 남성적 자부심에서 비롯된 것이다.

세상의 모든 아들이 아버지에게 바라는 것은 무엇일까? 아버지가 아들에게 줄 수 있는 것은 무엇일까? 아들에게는 다음의 세 가지가 필요하다. 첫째, 아버지의 축복이 필요하다. 둘째, 아버지의 사랑이 필요하다. 마지막으로 아들은 아버지로부터 자신을 통제하는 법을 배울 수 있어야 한다.

축복

아주 어린 꼬마였을 때부터 죽음에 이르는 날까지 모든 남자들에게 이 질문은 뇌리에서 떠나지 않는다. 나는 충분한가?

이런 의문은 광범위하면서도 끈질기다. 아이는 자신이 어떤 일—스포츠, 예술, 또는 다른 업무—을 충분히 잘하는지 알고 싶은 것이 아니다.

모든 소년들에게 이 질문은 다음과 같다: 나는 아버지한테 충분한 존재인가? 아버지의 눈에 '충분히 괜찮은 아들'이고 싶은 아들의 욕망은 결코 단순하지 않다. 이 질문은 그저 아버지가 '좋아하기'에, 혹은 '사랑하기'에, 또는 자신을 '인정해주기'에 충분히 괜찮은지에 대한 것도 아니다. 어쩌면 그것을 다 포함할 수도 있다. 하지만 이 질문은 더 깊은 의미를 가지며, 아버지가 아들의 특정한 행동이나 특성을 인정하는 일 이상의 것이다. 아들은 한 인간으로서 자신의 존재를 아버지가 인정해주길 바란다.

이런 아버지의 축복은 모든 소년들이 열망하는 통과의례이다. 그것은 너무 개인적인 것이라서 그것이 일어날 때는 오직 아들만이 느낄 수 있다. 그것은 한순간에, 아버지가 미소를 짓거나 고개를 끄덕여주는 것일 수도 있고, 격식을 잔뜩 차린 말일 수도 있다. 하지만 아버지의 축복을 받을 때, 소년은 확실히 자기 존재를 인정받았다고 느끼고, 당당하게 삶을 살아나갈 수 있다고 느낀다.

가족상담가인 게리 스몰리 박사와 존 트렌트 박사는 그들의 저서 《축복의 언어(The Blessing)》에서 아버지가 아들에게 축복을 내리는 행위의 중요성에 대해 언급했다. 저자들은 정통 유대교 가정에서 부모님이 아들에게 축복 기도를 해주는 전통을 들면서, 왜 이런 전통이 아이들에게 그렇게 중요한지 이해시킨다. 그들은 또 수년간의 상담 경험을 통해서, 아버지로부터 수용되고, 인정받고, 깊은 사랑의 감정을 경험한 적이 없는 남자들은 다른 사람들과 친밀한 관계를 형성하는 능력에 문제가 생긴다고 한다.

반대로 생각해볼 수도 있다. 아버지로부터 한 인간으로 인정받았다고 느끼는(아버지의 축복을 받은) 남자는 직장을 잃거나 다른 어려운 일이 닥쳐도 잘 견뎌낼 수 있는 자신감을 가질 수 있다. 그는 살아가면서 맞닥뜨리게 되는 변화들에도 쉽게 적응할 것이다.

아버지의 축복을 받은 소년들은 그 사실을 알고 있다. 반면 그렇지 못한 소년들은 결핍감을 느낀다. 아버지의 축복을 받은 남자들은 이렇게 말한다. "아버지의 눈빛에서 내가 사랑받을 가치가 있는 존재라는 것을 알 수 있어요." 또 다른 아이들은 "그 한순간에 나는 알았어요. 어떻게 알았는지는 모르겠지만, 어쨌든 알았어요." 또는 "아버지가 제가 하는 모든 일을 인정한 것은 아니었지만, 아버지는 제 있는 그대로의 모습을 좋아하고, 저에게 특별한 자부심을 품고 있다는 것을 느끼도록 해주셨어요. 그것을 깨달았던 순간은 마치 하늘을 날 것 같은 기분이었어요"라고 말한다.

이제 아버지들에게 한 가지 질문을 던지겠다. 아들이 당신의 축복을 받으려면 어떻게 해야 하는가?

아들을 둔 아버지는 아들에게 가지는 자신의 실제 생각과 느낌을 용감하게 들여다봐야 한다. 아들이 실망스러운가? 만약 그렇다면 왜 그런가? 오직 자랑스러움과 애정만이 느껴지는가? 아니면 아들에게 끊임없이 화가 나는가?

이것은 아버지에게는 가장 힘든 과제 중 하나이다. 아버지들은 아들에 대한 자신의 실제 감정과 직면하는 것을 두려워해서는 안 된다. 왜 그럴까? 왜냐하면 아버지는 자신의 깊은 감정에 대해 뚜렷하게 설명하지 못할 수도 있지만 아들은 그것을 느낄 수 있기 때문이다.

소년들은 아버지가 자신에 대해서 어떻게 생각하는지 무척이나 알고 싶어 하기 때문에, 아버지의 행동 하나하나를 읽고 아버지의 기분, 몸짓, 목소리 톤을 관찰한다. 그리고 매일, 하루에도 몇 번씩 이렇게 자문한다. 아빠는 나를 좋아하는 걸까? 아빠는 나를 어떻게 생각하지?

정말로 놀라운 점은 아들을 속일 수 없다는 것이다. 만약 아버지가 거짓말을 한다면, 아들은 그것을 알아차린다. 따라서 아버지들은 자신이 아들을 정말로 어떻게 생각하는지 뒤돌아보고, 아들을 진심으로 축복하는 행위와 자신의 감정을 조화시킬 방법을 찾아야만 한다. 이 과정은 어려울 수도 있고 쉬울 수도 있지만 반드시 필요하다.

나는 벤이 중학교 2학년일 때 나누었던 대화를 잊지 못한다. 벤의 어머니가 학기초에 정기검진을 위해 벤을 데리고 왔다. 진료실에 들어서자 긴장된 침묵이 느껴졌다. 어머니와 아들 둘 다 잡지를 읽는 것도 아니고 대화도 하지 않고 있었다. 모자는 나란히 앉아 있었지만 서로 닿지 않도록 팔꿈치를 안으로 모으고 있었다.

벤의 어머니는 말했다. "선생님, 제가 부탁드리고 싶은 건 벤에게 알아들을 수 있도록 말을 좀 잘 해달라는 거예요. 저 애랑 저는 항상 싸워요. 벤의 형이 대학에 입학해서 집을 떠난 뒤 이제 집에는 우리 둘밖에 없는데 말이죠. 벤은 집에 있는 걸 싫어해요. 벤은 자기 몫의 집안일을 안 하려고 하고, 내가 왜 하지 않냐고 물을 때마다 소리를 지르거나 방으로 들어가 문을 쾅 닫아버려요. 솔직히 우리는 지난 몇 달간 정상적인 대화를 하지 못했어요."

그녀가 말하는 동안 나는 그녀와 벤의 얼굴을 번갈아가며 훑어보았다. 벤은 고개를 숙이고 신발을 뚫어져라 보고 있었다. 나는 벤도 역시 슬프고 화가 나 있다는 걸 알 수 있었다. 아이의 얼굴이 붉어지고, 눈에 눈물이 고인 것을 보니 다행스럽게 생각되었다. 나는 벤이 분노로 냉담해진 상태가 아니란 것을 깨달았다. 벤도 집의 상황을 바꾸고 싶어 했다.

"아버지는 어디에 계신가요?"

"저희는 작년에 이혼했어요. 이후에 벤은 저와 대부분 같이 지내고요. 애 아빠는 여행을 해요. 하지만 여행에서 돌아오면, 벤을 집으로 불러서 함께 있으려고 해요. 우리 집에서 겨우 5마일 떨어진 곳에 살거든요. 하지만 그렇게 하는 건 벤에게 좋지 않다고 생각해요. 아빠랑 주말을 같이 보내는 것으로도 충분하니까요. 아이는 학교에 가는 주중에는 잠을 푹 자야 해요. 그런데 애 아빠는 애랑 너무 요란하게 지내거든요."

벤과 단둘이 있게 되자 나는 벤에게 아빠에 대해서 말해달라고 했다. 그 순간 벤의 얼굴이 환해졌다.

"아빠가 너무 그리워요. 아빠가 없으니 집이 너무 끔찍해졌어요. 엄마는 아빠가 예전보다 여행을 더 많이 한다고 하지만, 그렇지 않아요. 아빠는 항상 그렇게 했다고요. 그게 아빠 직업인걸요. 전 그저 아빠가 여행에서 돌아올 때마다 아빠와 함께 있고 싶어요." 벤은 조용히 흐느끼기 시작했다.

"최근에 아빠와 지냈던 시간에 대해 말해주렴."

"그냥 재미있게 지내요. 음. 우리는 그냥 남자들이 하는 것들을 해요. 그게 다예요."

"아빠랑 미식축구나 야구경기를 보러 가니?"

"아뇨."

"그럼 여행을 간 적이 있니?"

"네, 저랑 아빠는 여름마다 같이 캠핑을 가요. 이번에 우리는 상부반도(Upper Peninsula, 미시건 북부에 있는 반도―옮긴이)에 갔어요. 정말 재미있었어요."

나는 벤이 더 이야기하도록 기다렸다.

"음, 이번 여행은 좀 특별했던 것 같아요. 아빠는 많은 것들을 제가 할 수 있도록 해주셨거든요. 정말 멋졌어요."

"어떤 것들?"

"여름마다 우리는 캠핑을 하고 물고기를 잡아요. 우리는 낚시를 너무 좋아하거든요. 아빠는 텐트와 장비들을 챙기고 저는 음식을 준비해요. "아무튼, 캠핑할 장소에 도착했을 때, 아빠는 숲에 가서 장작을 구해올 동안 제가 혼자서 텐트를 쳤으면 좋겠다고 하셨어요. 저는 좀 겁이 났지만 텐트를 쳤어요. 하지만 아주 잘하진 못했어요."

벤의 볼과 코가 빨갛게 물들기 시작했고, 눈물이 흘렀다.

"정말 재미있었겠구나."

"네, 첫날밤엔 비가 정말 세게 내렸어요. 텐트 덮개가 날아가버려서 비가 텐트 안으로 들이치기 시작했어요. 저는 밖으로 달려 나갔고, 제가 텐트를 제대로 치지 못했다는 걸 알았어요. 저는 아빠가 화를 낼 줄 알았는데, 그러시진 않았어요. 비가 계속해서 내렸지만 아빠는 '비에 젖지 않는 곳으로 텐트를 옮기자'라고만 하셨어요. 다음날 우리는 낚시를 하러 가서 송어 몇 마리를 잡았는데, 아빠가 저한테 요리를 해보겠냐고 물었어요. 저는 아빠가 왜 그런 것들을 제게 시키는지 알 수가 없었어요. 암튼 그래서 저는 생선을 요리하려고 했지만 망쳐버렸어요. 모닥불 속으로 떨어뜨렸거든요."

"아빠가 화를 내셨니?"

"아뇨." 벤은 추억을 떠올리며 흐느끼고 있었다.

"아빠는 재미있다는 듯이 저를 보며 그저 미소를 지었어요. 크게 소리 내서 웃지는 않았지만 아빠는 정말 행복해 보였던 것 같아요. 우리는 마시멜로와 크래커로 저녁을 때웠고, 저는 그 여행 내내 멍청한 실수만 저질렀어요. 여행이 끝날 무렵에는 텐트가 거의 날아갈 뻔했거든요."

벤은 긴장이 풀렸고, 눈물이 잦아들었다.

"전 아빠가 너무 그리워요. 아빠는 저를 이해해주거든요. 엄마는 제게 뭘 해야 하는지 끊임없이 잔소리를 하고, 절 미치게 만들어요. 전 가끔씩 엄마를 견딜 수가 없어요. 아빠랑 함께 있고 싶어요."

나는 벤의 아버지를 한 번도 본 적이 없었지만, 그들의 여름 여행 이야기를 듣고 난 후 그를 대단히 존경하게 되었다. 그의 아들은 열다섯 살이 되었고, 그는 아들 벤에게 스스로 여러 가지 일들을 할 수 있다는 걸 알려주려 했다. 잘하지 못할 수도 있지만, 벤은 배울 수 있었다. 그것은 벤이 성장하고 있고, 아빠가 그것을 인정했다는 것을 표현하는 방법이었다. 그는 벤에게 축복을 주고 있었다. 그리고 벤도 그것을 받아들였다. 아버지와 함께한 그 캠핑 여행을 통해 벤은 자신에 대해 긍정적인 생각을 갖게 된 것이 분명했다. 하지만 그 때문에 벤은 아빠와 떨어져 있을 때 지독한 괴로움을 느꼈다.

나는 벤의 어머니와 단둘이 이야기를 했고, 벤에게는 아빠와 함께할 시간이 더 필요하다고 말했다. 나는 아들에게 있어 아버지의 중요성에 대해 설명했고, 그녀의 바람보다 벤의 욕구를 우선시해야 한다고 말했다.

1년쯤 뒤에 나는 벤의 아버지를 직접 만날 기회가 있었다. 그는 몸집이 작고 수줍음을 많이 타는 사람이었다. 나는 깜짝 놀랐다. 아마도 그가 훨씬 더 큰 존재감을 줄 거라고 생각했던 것 같다. 벤의 눈에는 아버지가 그렇게 커 보였고, 그래서 나도 그를 존경하게 되었던 것이다. 나는 그에게 벤이 지난여름의 캠핑 여행에 대해 이야기했다고 말했다. 그리고 그 한 주 동안 그가 벤에게 주었던 것들에 대해서 그를 존경한다고 말했다. 그는 미소 지었다.

"저는 그 아이를 정말 사랑합니다, 미커 선생님. 제 아버지는 제가 열 살이었을 때 어머니를 떠났어요. 그때 이후로 저는 평생 제 자신이 미완성인 것처럼 느꼈습니다. 제대로 된 게 하나도 없었어요. 저는 더 좋은 직장을 가지려 했고, 아버지가 저를 자랑스럽게 여길 거라고 생각되는 특별한 일들을 하려고 수년을 보냈어요. 그저 아버지가 제 존재를 알아차릴 수 있길 바랐어요. 하지만 그를 행복하게 만들려는 노력은 저를 괴롭게 만들었어요. 슬픈 사실은 그런 시도가 성공하지 못했다는 거지요. 저는 제 아들만은 그런 기분으로 살아가길 원하지 않았어요. 벤은 정말 착한 아들이죠. 그 아이가 어떤 일을 하든, 나와 함께 있을 때는 모든 게 다 괜찮다는 것을 알게 해주고 싶었어요."

축복은 다양한 형태를 띠며, 한 번에 전해지거나, 지속적으로 전달될 수도 있다. 어떤 아이들은 열두 살에 받기도 하고, 어떤 이들은 스물일곱에 받기도 한다. 하지만 아들은 반드시 그런 축복을 아버지, 즉 남자로부터 받아야 한다. 아들의 눈에 어머니는 축복을 줄 수 있는 사람이 아니다. 그녀의 사랑은 당연한 것이기 때문이다. 하지만 아버지로부터 받는 존중은 획득해야만 하는 것이다. 만약 아버지가 아들 곁에 있어줄 수 없다면, 양아버지나 삼촌, 또는 다른 남성 멘토와 가깝게 지내야 한다. 상황이 어렵다면 다른 성인 남성이 아버지 대신 그 역할을 할 수도 있다.

스몰리 박사와 트렌트 박사는 건전한 축복을 이루는 다섯 가지 요소가 있다고 말한다. 그것은 '의미 있는 신체적 접촉', '말로 표현하기', '축복받는 대상에게 높은 가치를 부여하기', '축복받는 아이의 특별한 미래를 상상하기', 마지막으로 '축복을 완성하기 위해 적극적으로 헌신하기'이다.

신체적 접촉의 경우, 많은 아버지들이 아들(특히 10대의 아들)을 포옹한다는 생각에 멈칫거린다. 아버지는 아들을 안는 것을 두려워해서는 안 된다. 그것이 부담스럽다면 적어도 남자답게 아들의 어깨를 두드려주어라.

축복을 말로 표현하는 것은, 아이러니하게 들릴 수 있겠지만, 많은 아버지들이 아들보다는 딸에게 이야기하는 게 더 쉽다고 느낀다. 아마도 여자아이들이 더 자주 이야기를 하기 때문일 것이다. 또 여자아이에게 감정을 이야기하는 것이 덜 민망해 보여서이기도 할 것이다. 하지만 중요한 것은 아들에게는 아버지가 축복을 말로 표현해주는 것이 반드시 필요하다는 사실이다. 아버지는 아들에게 자신이 그를 얼마나 소중하게 생각하는지, 또 얼마나 인정하고 있는지 말해야 한다.

아버지들은 종종 자신이 아들을 사랑한다는 것을 아들이 알고 있을 거라고 생각한다. 하지만 그렇게 확신하지는 말라. 아이들은 자기중심적이므로 소년들에게는 분명한 말이 필요하다. 그리고 만약 아버지의 인정과 사랑을 느끼지 못할 경우 쉽게 자신을 비난한다. 많은 소년들이 사실 자신의 운동실력이나 학업성적, 또는 다른 부족한 점에 대해서 자기비하의 감정을 품고 있다. 하지만 부모들은 그것을 알기 힘들다. 게다가 많은 아버지들은, 빈정대거나 비판을 하거나 가볍고 모욕적인 언어를 사용해서 아들을 더 강인하게 만들려고 노력한다. 하지만 이것은 아이를 어른과 같은 기준으로 평가하고 있는 것이다. 아들은 다른 사람들의 말보다 아버지의 말에 훨씬 큰 영향을 받는다. 따라서 아버지가 아들을 얼마나 소중하게 여기는지 말로 표현하는 일은 무척이나 중요하다.

아들은 희망을 찾으려고 할 때 자신의 아버지를 본다. 모든 소년은 자신의 삶이 의미와 목적이 있다는 것을 알고 싶어 하며, 자신의 미래가 그것을 이루어낼 것인지 알고 싶어 한다. 아버지는 소년의 삶에서 가장 의미 있는 어른이기 때문에 소년은 아버지가 자신의 성공을 확신한다는 것을 알 수 있어야 한다. 소년은 자신이 미래를 위해서 열심히 노력할 때, 아버지가 자신을 도우려 애쓴다는 것을 알 수 있어야 한다. 아버지가 그런 헌신을 한다면, 틀림없이 자신은 그럴 만한 가치가 있는 존재라는 것을 알게 된다. 아들과 아버지는 성공적인 미래를 이끌 무기를 가지고 있다.

이것은 남자의 인생에 있어서 절대 사소한 일이 아니다. 만약 아버지로부터 축복을 받은 적이 없다면, 아이는 마음을 갉아먹는 괴로움과 좌절감을 느낄 것이고, 긍정적인 것으로 채워져야 할 부분이 텅 빈 채 남은 삶을 살게 될 것이다.

한편 축복을 전달하는 데 실수를 하는 것도 문제가 될 수 있다. 아버지가 좋은 의도로 한 일이 나쁜 방식으로 실행된다면, 소년에게는 고통스러운 경험이 될 것이다.

따라서 매우 조심해야 한다. 축복은 코치 노릇이나 비판, 경쟁을 통해서는 전달될 수 없다. 있는 그대로의 아들 모습이 자기를 기쁘게 하고 있다는 것을 아버지가 진실되게 표현할 때에만 아들에게 제대로 전해질 수 있다.

사랑

아버지는 단순히 아들에게 축복만 내려주는 권위적인 존재가 아니라 자애로운 부모이기도 해야 한다. 우리는 수많은 연구를 통해 아이를 사랑하는 아버지가 아이의 행복과 성공에 얼마나 결정적인 영향을 미치는지 알 수 있다. 자신을 사랑해주는 아버지가 없는 아이들은 나중에 약물 남용, 우울증, 그 외의 다른 많은 문제들을 가질 가능성이 훨씬 크다는 것도 알 수 있다. 아들은 아버지들이 시간을 내주고, 애정을 보여주며, 자신을 절대 포기하지 않는 것으로 사랑을 표현해주길 바란다.

시간

다행인 것은 대부분의 아버지가 아들을 사랑하는 일에 과거보다 더 열심히 노력하고 있다는 것이다. 평균적으로 아버지들은 하루에 약 네 시간 정도를 아이들과 함께 보낸다. 이것은 40년 전에 아버지들이 자식들과 함께 보냈던 시간에 비해 한 시간 더 많다.

아버지가 아들과 함께 있고 싶어 하는 모습을 보여주는 것보다 아이의 자존감을 더 높일 수 있는 것은 없다. 아들은 자신이 아버지에게 소중한 존재이며, 아버지의 관심을 받을 가치가 있다는 것을 확인받아야 한다. 아버지가 자기와 함께 놀아주려고 직장에서 일하는 시간, 취미활동을 하는 시간, 유흥을 즐기는 시간 등을 포기하는 것을 보고 아들은 자신이 중요한 존재라는 것을 알게 된다. 아버지가 아들을 소중하게 여기는 것처럼 보이지 않으면, 아들은 스스로도 자신을 소중하게 여길 수 없다고 느끼게 된다.

많은 면에서 남자아이들은 아버지와 함께 보내는 시간을 아버지로부터 받는 사랑과 동일시한다. 그리고 그 사랑은 소년들에게 온갖 혜택을 가져다준다. 아버지가 아들의 양육에 더 많이 관여하는 경우, 아들은 더 감정이입을 잘하는 경향이 있다. 아버지가 공감과 사랑을 표현하면, 아들도 그렇게 한다. 아버지가 아들과 더 많은 시간을 보낼 때, 아들의 성적도 향상된다. 강하고, 사랑이 넘치고, 성실한 아버지를 가진 소년은 학교에서 괴롭힘을 당할 가능성이 낮다. 아이들은 더 높은 자존감을 가지게 되고, 학교성적도 더 향상되며 나중에 더 좋은 직업을 가질 수 있다.

전미아버지협회(National Fatherhood Initiative)는 아버지가 자녀들에게 미치는 영향에 대한 광범위한 연구보고서인 《아버지에 대한 사실들 (Father Facts)》이라는 책을 출판했다. 이 책에 따르면 아들의 일에 관심과 시간을 쏟는 아버지들을 둔 소년들은 제멋대로 행동하는 경우가 적고, 성장하면서 비행을 저지르는 수준이 낮으며, 심리적으로 더 건강하고, 약물 남용이나 이른 시기에 성행위를 할 위험이 더 적다고 한다.

간단히 말해서 아버지가 아이와 더 많은 시간을 함께 보낼수록 아들은 더 사랑받는다고 느끼고 심리적 건강, 학업 성취, 사회적 성공 등 전반적으로 성공적인 삶을 살 가능성이 더 크다.

애정

대부분의 아버지는 아들이 어렸을 때는 육체적인 애정 표현을 더 편하게 여긴다. 하지만 아들이 사춘기에 이르고 10대가 되면서, 아버지는 다른 방법들로 애정을 보여주려는 경향이 있다.

어머니들은 종종 아버지가 아들과 대화를 나누고, 아이가 무슨 생각을 하고 무엇을 원하는지 알아내길 바란다. 하지만 아버지들은 남자들이 유대감을 형성하는 좋은 방법은 무언가를 함께 하는 것이라는 사실을 알고 있다. 어떤 작업이든, 운동이든, 취미를 함께하는 것이든 상관없다. 윌리엄 폴락(William Pollack) 박사는 저서《진정한 사내(Real Boys)》에서 아버지가 아들과 함께 노는 것은 아들의 감정조절능력을 발달시키는 데 도움이 된다고 말한다. 놀이를 즐길 때는 흥분, 경쟁심, 화, 실망감, 행복, 성취감 등 많은 감정들이 모습을 드러낸다. 아들은 아버지와 함께 놀면서 이런 감정들을 어떻게 다루는지 배우게 된다.

또한 놀이는 아들이 아버지와 더 친밀해지도록 만든다. 몸을 부딪히며 하는 놀이는 아버지와 아들에게 어색하지 않으면서 애정 어린 신체적 접촉을 할 기회를 준다. 아버지와 아들이 함께 하는 레슬링이 좋은 예이다.

사랑: 끝까지 포기하지 않는 것

아들을 키울 때 저지르는 가장 큰 실수가 무엇일까. 아버지가 할 수 있는 가장 큰 실수이자 가장 위험한 실수는 자식을 포기하는 것이다. 소년이 열일곱이나 열아홉이 될 무렵은 대부분의 아버지들도 많은 어려움을 겪게 되는 시기이다. 아버지는 부부 갈등에서 시작해 직장에서 받는 스트레스, 건강 문제에 이르기까지 다양한 문제들로 지쳐버린다. 많은 남자들이 그저 하루를 잘 버티고, 한 주를 잘 헤쳐나가길 바랄 뿐 다른 것을 할 여유가 없다고 느낀다.

소년들은 10대가 되면 짜증을 내기 시작한다. 그리고 아버지는 아들의 짜증을 기분 나쁘게 받아들인다. 만약 아버지와 아들이 비슷한 성격을 가졌다면, 그들 사이의 긴장감은 아이가 커갈수록 더 심해진다. 그들은 서로에게 경쟁자가 될 수도 있고, 갈등이 폭발할 수 있다. 안타깝게도 이렇게 갈등이 심화되면 많은 아버지들은 아들에 대한 자신의 사랑과 지지를 철수시켜버린다.

지난 40년간 홍수처럼 쏟아져 나온 자녀양육, 결혼생활, 인간관계에 대한 책들 덕분에, 우리는 관계에 대한 기대치가 비현실적으로 높아졌다. 남편들은 결혼에서 행복을 원하며 아내가 자신의 욕구를 충족시켜 주기를 바란다. 여성들은 직장에서 열심히 일하면서도 아이들 일에 깊이 관여하는 배려심 강한 남편을 원한다. 아버지는 아들과 자신의 관계가 다른 아버지와 아들의 관계와는 달리 특별하고, 즐겁고, 깊은 관계이기를 바란다.

기대치를 높이는 것은 좋은 일이다. 하지만 건강한 관계를 유지하기 위해서는 실망감도 잘 다룰 수 있어야 한다. 실망할 일은 생기게 마련이다. 하지만 이런 간단한 진실은 종종 무시당한다. 우리는 인간관계에 대해 너무 많은 연구자료를 보고, 너무 많이 생각하고, 지나치게 몰두한 나머지 관계에서 일어나는 모든 문제에 해결책이 있을 거라고 생각한다. 우리는 사랑은 마법과 같은 것이어야만 하고, 더 순조롭게 흘러가며 더 기분이 좋아야 한다고 생각한다. 만약 그렇지 못하면 책임을 전가할 상대를 찾으려고 한다. 또 문제를 고칠 수 없을 때는 감정을 거둬들이고 포기해버린다. 하지만 현실은 그렇지 않다. 관계는 많은 노력과 헌신을 요구하며 힘든 시간을 헤쳐 나가는 과정이 필요하다. 아버지와 아들의 관계에서는 아들이 아버지를 원한다는 사실을 아버지가 깨달아야 한다. 아들이 때로는 반항하더라도 포기해서는 안 된다(아들은 단순히 아버지가 자신을 붙잡는지 보려고 그러기도 한다).

다행스러운 소식은 모든 아버지는 그런 고통스러운 시간들을 이겨낼 수 있는 힘을 갖고 있다는 것이다. 아들이 남자로 성장해갈 때 아버지의 모습을 보고, 그 훌륭한 특성들을 배우는 것만큼 강력한 동력은 없다.

자기 통제

점차 성숙해지고, 신체가 강해지는 것을 느끼고, 에너지가 넘치고 새로운 감정이 일어나는 것을 느끼면서 소년은 새로운 힘을 감지하게 된다.

다시 말하지만 놀이는 소년이 자신의 힘과 마주 대하게 될 아주 좋은 기회이다. 소년은 아버지와 같이 놀 때 자신의 육체적 힘을 한계에까지 마음껏 밀어낼 수 있다. 왜냐하면 소년은 자신이 아버지를 다치게 할 수 없다는 것을 알고 있기 때문이다.

아버지가 아들에게 그런 안정감을 주고, 보호장치의 역할을 할 수 있도록 하는 것은 무엇일까? 그것은 바로 아버지의 힘이다. 때로는 육체적인 힘, 때로는 정신적인 힘이다.

어느 날 오후, 제시의 아버지는 제시의 삶을 바꿔놓았다. 열아홉 살 소년인 제시는 어머니와 말다툼을 하면서 점점 적대적으로 변했다. 어머니는 제시에게 그만 소리치라고 요구했다. 아이의 분노가 통제하기 어려울 정도로 강해지는 것이 보였다. 제시는 늘 변덕스러운 성미를 가지고 있었지만, 그날은 특히 전날 잠을 많이 못 자서 지친 상태였고, 최근에 여자 친구와 헤어진 것 때문에 스트레스를 받아서 더욱 심했다. 제시의 엄마 린은 강하고 자신감 있는 여성이었다. 그녀는 제시에게 방에서 나가라고, 나중에 더 차분해지면 그때 '대화'를 끝내자고 말했다. 나중에 그녀가 내게 이 일을 말해줬을 때는 무슨 일로 싸웠는지조차 기억하지 못했다. 너무 사소한 이유였기 때문이다. 그렇지만 그녀가 제시에게 진정하라고 말했을 때, 제시는 엄마에게 폭언을 했다. "이 나쁜 년아!" 제시는 그녀의 얼굴을 쳐다보며 소리 질렀다.

그 말이 아이의 입에서 나오기 무섭게, 아버지가 나타났다. 그는 근처 거실 소파에 앉아 있다가 달려왔고, 자신의 얼굴을 아들의 얼굴 앞에 바짝 갖다 댔다. 그는 제시보다 훨씬 키가 작았지만 열아홉 살짜리 소년의 어깨를 붙잡고 냉장고로 아이의 몸을 세게 밀었다. "다시는 내 아내를 그런 식으로 부르지 말거라!" 그가 명령했다. 제시는 순간 조용해졌고 놀라서 할 말을 잃었다. 소리 지르던 것도 멈췄다. 아버지가 아들을 풀어준 순간 소년은 강아지처럼 자기 방으로 날쌔게 도망갔다. 190센티미터가 넘는 강아지였다. 그 이후로 제시는 어머니에게 다시는 목소리를 높이지 않았다.

소년은 한순간에 자신이 존경하는 남자로부터 자기 통제를 배울 수 있다. 다만 그가 자기 통제를 몸소 보여주는 사람이어야 한다. 제시의 아버지는 소리를 지르거나 아이를 때리지 않았다. 반복해서 여러 번 말하지도 않았고, 장황하게 설명하거나 통제력을 잃지도 않았다. 그는 위력을 보여주고 아들이 스스로를 통제하도록 만들었다. 제시 혼자서는 그렇게 할 수 없었기 때문이다. 소년들이 자기 자신과 분노에 대해 통제하도록 하려면 소년의 테스토스테론과 다른 남성의 테스토스테론이 충돌하는 과정이 필요하다. 감정을 통제하는 법을 배우는 것은 소년들에게 안정감을 준다. 그리고 아버지는 아들에게 그것을 가르쳐줄 가장 좋은 위치에 있다. 아들은 아버지가 화가 났을 때 자신의 감정을 어떻게 통제하는지, 사람들 때문에 짜증이 났을 때 어떻게 대하는지 보려고 아버지를 관찰한다. 또 아버지가 돈과 시간을 어떻게 사용하는지, 사랑하는 사람들에게 어떻게 헌신하는지도 관찰한다. 아버지는 아플 때에도 직장에 빠지지 않도록 자신을 단련하는가? 어머니와 싸울 때도 어머니에게 참을성 있게 대하는가? 소년은 아버지의 자기 통제가 자신과 가족 모두에게 어떻게 도움이 되는지 보면서, 중요한 교훈을 얻게 된다.

내 경험상 아버지 없이 성장하는 소년들은 엄청난 두려움을 느낀다. 이들은 자기 자신과 자신의 남성성에 대해 두려움을 느낀다. 이 아이들이 느끼는 강렬한 감정은 스스로를 겁먹게 하고, 불건전한 방향으로 몰아갈 수 있다. 또 이들은 넘쳐나는 감정에 겁을 먹거나 너무 무덤덤해지는 것을 두려워한다. 자신의 힘 때문에 스스로 곤경에 빠질 수도 있다는 걸 알기 때문에 자신의 육체적인 힘에도 겁을 먹는다. 이들은 자신의 남성성이 흐르는 통로가 되어주고, 적절한 한계를 가르쳐주며 자기 통제의 본보기가 될 아버지가 존재하지 않기 때문에 겁에 질린다. 그리고 10대 소년들이 두려움을 느낄 때, 그리고 안전장치가 되어줄 아버지가 없을 때, 소년들은 자신과 주변 사람들에게 말로 할 수 없는 엄청난 피해를 입힐 수 있다.

다행스러운 점은 그 반대의 경우도 사실이라는 것이다. 아버지와 함께 성장하는 아들은 자신을 두려워하지 않는 법을 배운다. 소년은 아버지의 사랑 안에서 자신을 통제하는 법을 배운다. 소년은 아버지의 수용과 인정으로 만든 갑옷을 입고 있다. 아들은 아버지가 자신을 이끌어주었기 때문에 다른 사람을 이끄는 리더가 되는 법을 배웠다. 또 아버지가 자신을 좋은 특성들로 가득 채워줬기 때문에, 부양자가 되는 법을 배웠다. 또한 아버지가 힘을 어떻게 사용하고 자기 통제를 어떻게 실천하는지를 보여줬기 때문에 수호자가 되는 법도 배웠다. 소년은 남자가 되었다. 왜냐하면 남자에 의해서 키워졌기 때문이다.

제9장

소년에서 남자로

　　어른이 되는 걸 잊어버린 57세의 남자를 본 적이 있
는가? 물론 보았을 것이다. 술에 취해서 잘나갔던 대학 시절에 대해 끊
임없이 이야기하는 사람 말이다. 그는 대학 시절의 연인에 대한 기억을
떠나보내지 못하고, 자기 아내의 단점을 계속, 한탄하는 옆집 남자일 수
도 있다. 아이들의 동네 축구가 마치 슈퍼볼 게임이라도 되는 것인 양 소
리를 지르기도 한다.

　당신은 그런 사람을 알고 있다. 어쩌면 당신에게도 그런 면이 있을지
모른다. 사실 대부분의 소년들이 진정으로 어른이 되는 법에 대해서 제
대로 배우지 못한다.

　대부분의 남자들은 소년에서 남자가 되어가는 과도기를 되돌아보면
서 남자가 된다는 것이 어떤 모습인지를 그릴 수 있게 해준 다른 성인
남자들의 모습을 떠올린다. 아버지, 선생님, 할아버지, 또는 선생님일 수
도 있다. 이들 중 몇몇은 그들에게 도전이 될 만한 일을 요구했고, 그들

을 밀어붙였으며, 단순히 그들 앞에서 명령하기도 했다. 하지만 한 가지는 분명하다. 유년기를 떠나야 하는 소년들은 앞으로 어떤 일이 펼쳐질지에 대한 그림을 마음속에 그릴 수 있어야 하고, 자신에게 남자로 성장해가는 데 필요한 자질들이 있다는 자신감을 가져야 한다.

성숙한 어른이 필요하다

소년들은 충동적이다. 벌컥 화를 내고 소리를 지른다. 겁에 질릴 때면 욕을 퍼붓고 도망간다. 슬프거나 마음에 상처를 받았을 때면 구석으로 달려가서 의기소침해져 있다.

어른이 된 남자들은 그러지 않는다(또는 해서는 안 된다). 강렬하게 느껴지는 다양한 감정들을 인정하고, 그 감정들에 대해 어떻게 반응해야 할지 이성적으로 결정할 수 있어야 완전히 성숙한 것이다. 때로는 상대방의 말을 되받아쳐서 소리 지르고 싶기도 하지만 그러지 않는다. 자신의 감정과 행동을 분리시키는 자기 통제를 배웠기 때문이다.

소년들이 자연스럽게 이런 기술을 습득하지는 못한다. 누군가로부터 배워야 한다. 소년은 자신이 옳고 다른 사람이 틀렸다는 생각이 들 때 따지고 싶은 마음을 억누르거나, 나쁜 영향을 줄 것 같은 여자 친구를 쫓아다니고 싶은 마음을 참는 것이 오히려 부자연스럽다고 생각한다. 10대에 겪게 되는 호르몬의 변화 때문에, 감정과 행동을 분리하는 것이 더욱 어렵다. 이런 이유로 이 과정을 거치는 소년들에게는 성숙한 어른 남성이 필요하다.

안타깝게도 많은 소년들은 이런 훈련을 전혀 받지 못한다. 성숙한 부모나 멘토를 만나지 못하거나 잘못된 지도를 받기도 한다. 때론 아들을 사랑하는 지적인 부모도 본의 아니게 아들에게 감정과 행동을 분리하는 법을 가르치는 일에 실패한다. 아들의 응석을 다 받아주고, 아이의 즐거움을 우선시하다 보면 아이가 남자로 성숙하는 것을 막게 된다.

이런 일들은 10대에 자주 일어난다. 부모는 아들이 원하는 것을 다 해준다. 그것이 아이를 더 행복하게 할 거라는 믿음을 가지고 말이다. 머릿속으로는 더 바람직한 것이 무언지 알면서도 그냥 그렇게 한다. 하지만 그래서는 안 된다. 앞에서도 지적했지만, 소년들에게 물질적인 것은 그다지 많이 필요 없다. 오히려 더 적게 필요하다. 소년들에게 더욱 필요한 것은 부모가 먼저 나서서 아이들과 시간을 함께 보내고, 성숙함과 자기 통제의 미덕을 몸소 보여주는 것이다.

'네 탓이야'에서 '내 책임이야'로

아이들의 자기중심성은 두 가지 경우로 나뉜다. 부모님이 이혼했을 때 소년은 자신을 탓하지만, 한편 일이 잘못되었을 때 남들을 탓하기도 한다. "이건 다 ○○때문이야!"라는 불평을 들어보지 않은 사람은 없을 것이다. 초등학교 4학년짜리는 시험에서 60점을 받은 것은 선생님이 시험 문제를 어렵게 출제했기 때문이라며 탓하고, 어린 축구선수는 옐로카드를 받으면, 그 심판이 편파적이라고 불평한다.

미성숙한 소년의 전형적인 특징은 실제로 자신에게 책임이 있는 일을 자기 탓이라고 받아들이지 못하는 것이다. 지금 당신의 아들이 그렇다고 해도 너무 낙심하지 말라. 꼭 인격적 문제가 있어서 그런 것은 아니며, 발달상의 문제에 더 가깝다. 소년은 성장하면서 그것을 극복하겠지만, 어쨌든 사춘기 직전이나 사춘기의 소년은 자기중심적이다. 따라서 그렇게 행동하는 게 일반적이다.

많은 부모들이 아들이 만들어놓은 덫에 빠진다. 우리는 아들의 말을 믿는다. 아들이 다른 코치를 만나기만 한다면, 경기 출전 시간이 더 늘어날 것이다. 선생님들이 제대로 가르치기만 한다면, 아이의 진짜 능력이 제대로 발휘될 것이다. 부모는 아들의 불행과 실수, 상처들이 모두 다른 사람들 때문이라는 아들의 잘못된 생각을 믿어버린다. 그래서 자신이 이 문제를 반드시 해결해야 한다고 느끼고 피아노 교사를 해고하고, 아들을 다른 학교로 전학 보낸다. 부모는 심지어 교장선생님이나 규율을 관장하는 다른 권위자들까지도 비난한다. 소년기의 나쁜 행동을 옹호하는 것은 포스트모던 부모의 전형적인 모습이다. 그렇지만 이것은 소년들이 훌륭한 남자로 성숙해가는 것을 막는 끔찍한 덫이다.

청소년기의 남자아이들은 인지적·감정적 성숙이 부족하기 때문에 자신의 나쁜 행동에 대해 본능적으로 다른 사람들을 탓한다. 이들에게는 자신의 실수를 바로잡을 수 있는 능력이 없으므로 (혹은 그러한 능력이 없을까 봐 두려워서) 책임지는 것을 자연스럽게 거부한다. 게다가 뇌의 발달이 완전히 이뤄지지 않았기 때문에, '네 탓이야'가 '내 탓이야'로 비약적인 변화를 하기 위해서는 아직 이들에게는 없는 인지적 기술이 필요하다.

남성의 뇌는 10대를 지나는 동안 엄청난 발달과정을 거치며, 훈련을 받으면 더 잘 발달된다. 부모는 10대 아들이 성숙할 수 있도록 뇌를 잘 발달시키는 데 도움을 줄 능력과 의무가 있다. 만약 10대 소년이 그런 기회를 얻지 못한다면 이 소년의 뇌는 정상적인 성인의 뇌로 발달하지 못할 수도 있다. 그러면 미성숙한 생각의 패턴들이 그대로 남아 있게 될 것이다. 아들의 나쁜 행동을 성급하게 옹호하는 부모가 아들에게 커다란 해를 입힐 수 있는 이유가 바로 이것이다. 부모의 그런 행동은 아이에게 자신의 욕구가 규칙보다 우선한다는 메시지를 전할 뿐만 아니라, 자신이 한 행동에 대해 책임질 필요가 없다고 말해준다. 이렇게 자란 소년들은 감정적, 심리적으로 청소년기를 절대 벗어나지 못할 위험에 처하게 된다. 그리고 만약 청소년기를 벗어나지 못한다면, 이들은 지속적인 좌절감과 불만족을 느끼는 삶을 살면서 항상 남을 탓하고, 자신에게 삶을 통제할 수 있는 힘이 있다는 것을 깨닫지 못하게 된다.

아들에게 자신의 행동을 다른 사람의 탓으로 돌리는 것보다 스스로 책임을 지는 것이 더 좋은 결과를 가져온다는 것을 이해시켜라. 자신의 잘잘못에 책임을 질 수 있을 때, 삶은 더욱 행복해진다. 소년의 뇌는 다르게 생각하는 법을 배울 뿐만 아니라 훨씬 더 자유로운 삶을 살게 될 것이다. 소년의 사고방식에서 벗어나도록 자극과 압력을 받지 않는 한, 아이는 절대 진짜 남자로서 삶을 즐길 수 없다.

진정한 남자는 자신의 행복에 대해 스스로 책임을 진다. 또 다른 사람들의 한계뿐만 아니라 자신의 한계를 깨닫는다. 자신의 선택에 책임을 짐으로써 배우자나 자식들, 동료, 상사에게 의존하지 않는다. 그리고 자신의 행복이 자신의 손에 달려 있다는 것을 날카롭게 느낀다. 그들은 소년 시절에 하던 질문을 거꾸로 뒤집는 방법을 배운다. 따라서 '다른 사람'들이 어떻게 자신의 삶을 더 낫게 해줄지를 묻지 않으며, '자신'이 어떻게 하면 자신의 삶과 주위 사람들의 삶을 더 좋게 만들 수 있을지 고민한다.

모든 소년은 남자의 삶을 누릴 자격이 있다. 하지만 거기에 도달하기 위해선 부모의 도움이 필요하다. 아들이 10대를 보내는 동안 다른 사람보다 자신에 대한 질문을 더 많이 하도록 도와주자. 아이가 자기가 저지른 말썽을 왜곡하고, 자기중심적이고 무책임해지도록 놔두면 안 된다. 그것은 아들에게 영원히 어린아이에서 벗어나지 못한 채로 살도록 선고하는 것이나 다름없다.

올바른 신념체계를 세우기 위해

남자들은 잘 정리된 원칙들을 갖고 살아간다. 한 남자의 원칙은 다른 남자의 원칙과는 다를 수 있지만, 모든 남자들은 청소년기를 벗어나 성인이 되어가면서 자신의 신념체계를 확고히 한다. 초기의 모호한 신념체계는 사라진다. 그리고 그는 단순히 자신의 욕구를 따르는 것이 아니라, 욕구 이상의 어떤 것을 따라서 현재와 미래의 삶에 대한 선택을 내려야 한다는 것을 깨닫는다. 그렇지 않으면 신념보다는 자신의 욕구에 따라 살기로 결정한다. 중요한 것은 의식적으로 자기 삶의 양식과 살아가는 공식을 선택하기 시작한다는 것이다.

소년들은 이것을 쉽게 해내지 못한다. 소년들의 신념체계와 도덕적 사고는 잠정적이고 변화가 있으며 여전히 주변으로부터 쉽게 영향을 받는다. 소년들은 작은 버릇에서부터 정치적인 태도에 이르기까지 모든 면에서 부모님, 선생님, 코치 등으로부터 영향을 받는다.

부모는 아이가 받는 영향들 중에서 엇갈리는 것들을 걸러내는 일을 도와준다. 하지만 모든 부모들은 청소년기에 아이들의 반항이 시작되는 것에 대비해야 한다.

어렸을 때부터 부모님을 따라 교회나 절 등에 다녔던 많은 소년들은

10대가 되면 갑자기 자신이 무엇을 믿을지는 스스로 결정하고 싶다면서 더 이상 교회나 절에 가지 않겠다고 선언한다. 그리고 자신의 마음은 자신의 것이라고 선언한다.

아이러니한 것은(비록 아들은 깨닫지 못하고 있지만) 소년의 삶에서 몇 년간 겪게 되는 10대 기간이 가장 자신의 마음을 스스로 통제하지 못하는 시간이라는 것이다. 소년이 열 살이었을 때는 결정을 내리는 것이 어렵지 않았다. 하지만 열아홉 살 소년은 어떻게 해야 할지 모른다. 소년은 누가 옳고 누가 그른지, 무엇을 믿어야 하고, 믿지 말아야 하는지 알지 못한다.

10대 소년은 겉으로는 자신만만하고 확신에 찬 것처럼 행동한다. 하지만 어쩌면 속으로는 엉망일 수도 있다. 그는 불안하고 혼란스러우며, 스스로에게 분노를 느낄 수도 있다. 무엇을 믿어야 할지 알 수 없기 때문이다. 하지만 소년은 부모님과 친구들에게 그렇지 않은 것처럼 가장한다.

청소년의 마음속에는 엄청나게 많은 결정들이 치열한 경합을 벌이고 있다. 그것은 사소한 일이 아니다. 나는 어떤 사람이 되고 싶은 걸까? 내가 아버지를 닮을 수 있을까? 나만의 개성은 뭘까? 소년은 자기가 남들과 다를까 봐 두렵고, 또 남들과 다를바 없이 평범할까 봐 걱정이다.

소년은 중요하다고 배운 것들만으로 만족하지 못하고, 그것이 실제로 세상에 적용되는지를 보고 싶어 한다. 친구들과 다르게 행동하는 것이 내게 도움이 될까? 술, 마약, 섹스에 대해서 나는 어떻게 생각하지? 부모님은 반대하지만 어떤 친구들은 그런 일들을 이미 하고 있다.

청소년기의 소년들은 삶의 모든 것들이 격렬해진 것을 느끼고, 신념체계를 구체적으로 세우기 위해서 애쓴다. 소년들이 느끼는 감정은 더 강렬해지고, 그들은 자신의 욕구와 갈등을 겪는다. 하지만 그 갈등 속에서 소년은 무엇을 선택해야 할지 이제 스스로 결정해야 한다는 사실을 깨닫는다. 다른 사람들이 대신해줄 수는 없다. 남자들은 리더가 되고 싶어 하며, 10대가 된 소년은 자기 삶의 리더가 되려고 노력한다.

어린 소년의 도덕적 사고는 흑과 백처럼 단순하다. 또 그 시절에는 부모의 권위도 아이의 정체성에 크게 영향을 주지 못한다.

부모가 아들을 가장 잘 도와줄 수 있는 방법은 새로운 것을 가장 잘 받아들이는 어린아이 시절을 이용하는 것이다. 아들이 어렸을 때 당신의 신념을 가르치고, 당신이 왜 그것을 믿는지를 말해주자. 아이에게 튼튼한 도덕적 기반을 주고, 아들이 그것을 실천할 수 있도록 도와주어라. 그렇게 하면 아이가 10대가 되었을 때 다시 고민해볼 수 있는 확실한 신념체계를 가지게 된다. 소년에겐 연구할 대상이 필요하다. 하지만 만약 청소년기에 들어섰을 때 아무것도 가진 게 없다면, 소년은 그 자리를 채울 무언가를 찾아 나설 것이다. 문제는 아들이 새로 찾아낸 연구 대상이 반드시 좋은 것만은 아닐 수 있다는 것이다.

10대 아들이 던지는 질문들 때문에 겁먹지 말자. 그 질문들은 당신에 대한 것이 아니라 자기 자신에 대한 것이다. 소년은 자신의 도덕체계를 재정리하고 있고, 자신의(혹은 당신의) 신념체계를 의심하고 있다. 그냥 놔두어라. 만약 당신이 아들에게 가르친 것이 진실이며, 훌륭한 것이라면 아이의 시험을 견뎌낼 것이다.

아들에게 어떤 생각을 하고 무엇을 좋아하며 무엇을 원하는지 물어보자. 그리고 아이가 말하는 것을 들어주어라. 아이에게 대선 후보자에 대해서 어떻게 생각하는지, 약물 남용으로 징역 선고를 받은 야구선수가 혐의를 인정한 사건에 대해서는 어떻게 생각하는지 물어보자. 아이에게 도덕적 사고가 필요한 질문을 하라. 아이는 어쩌면 당신이 기대하는 것과는 다른 대답을 해야 한다고 느낄 수도 있다. 어쩌면 의도적으로 당신을 짜증나게 하는 대답을 할지도 모른다. 하지만 아이의 도발에 반응하지 말자. 왜냐하면 아들이 정말로 알고 싶은 것은 자신이 당신으로부터 존중받는지, 자신의 의견을 고려할 가치가 있다고 여기는지와 같은 것들이기 때문이다. 일단 당신이 자기를 존중한다는 것을 알게 되면 결국 아들은, 당장은 아니더라도, 당신의 신념을 그대로 따라가게 될 가능성이 크다.

아들이 부모의 가르침을 반영하는 것을 보는 것은 흐뭇한 일이다. 하지만 더 중요한 것은 아들에게 뚜렷한 도덕관념과 신념체계가 생겼다는 사실이다. 어린 소년들, 10대 남자아이들, 성인 남자들은 모두 삶을 살아가는 데 기반이 되는 도덕적 체계가 필요하다. 그들은 자신의 이익을 우선시하는 행동(아이들이 그러듯이)에서 다른 사람의 이익을 우선시하는 행동(성숙한 어른의 행동처럼)을 하도록 변화시켜줄 도덕적 체계가 필요하다. 다시 말해 10대 시절에 소년은 옳은 일을 하는 방법과 옳은 일은 그 자체만으로 의미가 있다는 사실을 깨달아야 한다. 이런 발전을 통해 아이는 강렬한 만족감을 느낀다.

남자가 그의 삶에서 내릴 가장 중요한 결정중 하나는 바로 자신의 짝을 선택하는 것이다. 결혼생활이 만족스럽다면 삶도 만족스럽다. 그는 직장과 아이, 집을 잃을 수도 있지만 배우자와의 관계가 굳건하다면, 어려움을 이겨낼 힘을 얻을 것이다. 하지만 반대로 부부 사이에 문제가 많고 원활하지 못하면 삶을 나쁘게 느낄 것이다. 직장생활은 점점 불만족스러워질 것이고, 취미에 대한 열정도 시들해지며 다른 모든 일에서 희망을 잃을 가능성이 크다.

부모가 아들에게 줄 수 있는 가장 큰 선물 중 하나는 결혼생활을 잘 할 수 있도록 교육시키는 것이다. 물론 아이가 결혼을 선택한다면 말이다. 하지만 결혼을 하지 않는 경우에도, 그런 교육을 받았다면 인간관계에 대해 많은 것을 배울 수 있다.

10대를 포함한 모든 소년들은 롤 모델을 찾는다. 그렇다면 그들이 가장 쉽게 발견하는 롤 모델이 누구일까? 남자아이든 여자아이든 요즘에는 많은 아이들이 유명 연예인들의 라이프스타일에 영향을 받는다. 그리고 대중문화가 아이들에게 가르치는 것은 인간관계는 강렬하면서도 일시적인 것이라는 메시지이다. 오늘날 수많은 어린 남성들이 그것을 일반적이라고 여긴다. 톰 크루즈는 니콜 키드먼과 자식들의 눈물을 뒤로하고 젊고 섹시한 새 애인과 결혼하여 축하받는다. 할리우드 스타들에게는 아이들과 아내까지도 쉽게 버릴 수 있는 물건처럼 되어버렸다. 소년들은 그런 모습들을 받아들인다. 하지만 진정한 남자는 그렇게 행동하지 않는다. 할리우드 스타들은 부모들이 자기 아들이 모델로 삼기를 바라는 그런 '남자들'이 아니다. 그들은 마치 어린애처럼 행동하며 순간적인 열정과 열망이 그들의 삶을 지배한다. 하지만 그런 삶을 사는 남자는 결코 인생의 승리자가 될 수 없다. 그는 평화와 기쁨을 찾을 수 없으며 자기 자신은 물론 주변의 많은 이들을 나락으로 끌어내린다.

오늘날 아이들이 받아들이는 인간관계의 표준은 대중문화에 의해 덧칠된 것이다. 이것을 바로잡지 않으면 소년은 어른으로 성장하지 못할 것이고, 결국 외롭고 비참한 자신의 모습을 발견하게 될 것이다. 소년들에게 바르게 사는 법을 가르칠 수 있는 가장 좋은 방법은 열심히 살고 있는 훌륭한 남자를 볼 기회를 주는 것이다.

헨리가 열두 살이었을 때, 그의 할아버지는 치매요양원에 있었다.

헨리는 외동아들이었고, 부모가 이혼을 해서 어머니와 살고 있었는데, 할아버지와 특별히 가깝게 지냈다. 그래서 헨리는 할아버지를 보러 종종 요양원에 갔지만, 아픈 할아버지를 보는 것이 슬펐고, 노인들의 퀴퀴한 냄새 때문에 머리가 아프다고 했다.

어느 날, 헨리는 요양원에서 빌이라는 이름의 다른 할아버지를 만났다. 그의 아내가 요양원에 머물고 있었는데, 빌은 70대로 보였지만 부인인 할머니는 100살도 넘어 보였다. 헨리와 빌은 만나자마자 친해졌다. 빌은 치매에 걸리기 전의 헨리 할아버지와 비슷했다. 농담하는 것을 좋아하고 친절하고 조용했다.

헨리는 빌과 친구가 된 이후로 주말마다 요양원을 방문하는 일을 덜 싫어하게 되었다. 빌은 요양원에 살지는 않았지만, 헨리가 요양원을 방문할 때마다 빌은 아내와 함께 복도를 거닐거나, 저녁을 먹여주거나, 그녀의 방에서 책을 읽어주고 있었다.

빌에게 푹 빠진 헨리가 봤을 때 빌 할아버지는 자기 삶이 없는 것 같았다. 그가 하는 일이라곤 아내를 돌보는 것밖에 없었다. 때때로 헨리는 빌의 아내가 빌에게 소리를 지르거나 심지어 때리기까지 하는 것을 보고 몹시 기분이 상했다. 그녀는 계속해서 울었는데, 그런 그녀의 행동이 헨리를 화나게 했다. 헨리는 빌을 돕고 싶었고, 어머니에게 저녁식사에 빌을 초대할 수 있는지 물었다. 헨리는 그가 안쓰러웠다.

어느 날 헨리의 어머니는 헨리와 빌이 대화하는 것을 엿듣게 되었다. 헨리는 빌 할아버지와 함께 앉아 있었고 빌은 턱받이를 한 아내에게 음식을 먹이고 있었다. 그날따라 그녀가 울적해 했고 음식을 먹으려고 하지 않아서 빌은 아내에게 밥을 먹이려고 달래고 애원했다. 헨리는 화가 났다.

"빌 할아버지. 어떻게 계속 그렇게 하실 수 있어요? 그러니까, 할머니가 좋아하지도 않잖아요?" 헨리는 자신이 주제넘었다는 것을 알고 말을 멈추었지만 헨리는 화가 났고, 빌이 아내를 돌보는 데 시간을 낭비하는 게 싫었다.

빌은 헨리를 쳐다보았다. 그러고는 다시 아내에게로 몸을 돌렸다. 그는 미소를 짓고 있었다.

"죄송해요, 할아버지. 죄송해요. 하지만 일주일, 또 일주일, 여기서 할머니의 시중을 드는 게 전부잖아요. 그걸 어떻게 견디세요?"

"들어보렴, 얘야. 내 말을 들어봐. 베브와 나는 58년을 함께 지냈단다. 그건 네가 상상할 수 있는 것보다 훨씬 많은 시간이지. 물론 지금은 힘든 시간이야. 하지만 우리에게는 다른 시간들이 있었단다. 우리 둘 사이 —우리가 함께한 많은 시간들—에서 좋은 것들이 튀어나온단다. 정말 좋은 것들이 나온단다." 그는 아내에게로 다시 몸을 돌렸고, 그녀의 볼에 묻은 샐러드를 닦아냈다.

"헨리야, 이것을 절대 잊지 말거라. 함께 있다는 것, 그때 정말 좋은 것들이 나오는 거란다. 바로 지금, 이게 사랑이란다, 얘야. 이게 사랑이야."

헨리는 빌을 절대 잊지 못할 것이다. 무엇보다 중요한 사실은 헨리가 그날 요양원을 나설 때 전혀 다른 아이가 되어 있었다는 것이다. 헨리의 어머니는 헨리가 전과 180도 달라졌다고 말했다. 헨리는 더 많이 웃었고, 싸움도 줄어들었다. 그는 희망을 얻었다. 빌은 헨리에게 좌절과 슬픔, 사랑이 가득한 삶의 그림을 보여주었고 그것은 깊은 경외감을 일으켰다. 헨리는 또한 옳은 일을 하기 위해 자기를 희생하는 한 남자를 보

206

있다. 그리고 그렇게 행동할 때, 그와 관련된 모든 사람들의 삶이 나아진다는 것을 확인했다.

인내심을 갖고 전진하기

소년이 성인 남자로 올바르게 성장했다는 것을 나타내는 가장 큰 특징은 아마도 인내일 것이다. 소년들은 금세 열기가 식고, 그만두고 싶어 하지만 남자는 열정이 식고 나면, 잠시 멈추어 의욕을 되찾고, 다시 계속해나간다.

가장 위대한 남성적 특징 중 하나는 '불굴의 의지'이다. 목표를 향해 결의를 다지고 흔들리지 않는 것이다. 하지만 소년들은 다음과 같은 이유로 이것을 잘 하지 못한다.

첫째, 한 가지 목표에 오랜 시간 집중할 수 있는 정신적, 감정적 자원이 부족하다. 소년들은 지루함을 느끼면 쉽게 마음을 바꾼다. 한 가지 목표에만 집중하기에는 세상을 발견해나가기에 너무 바쁘기 때문이다.

둘째, 소년은 욕구충족 연기를 전혀 이해하지 못한다. 소년은 일주일에 10달러를 저축하면 10년이라는 기간 뒤에는 5000달러 이상을 얻을 수 있다는 것을 마음속에 그릴 수가 없다. 미래의 결과를 인지하는 능력이 없기 때문에 인내를 가져오는 보상에 대해 생각하지 못한다. 열다섯 살 소년의 마음에는 오늘만이, 어쩌면 내일까지가 세상의 전부일 수도 있다. 일부러 그런 식으로 생각하려는 것은 아니지만, 소년들의 뇌가 그렇게 움직이는 것이다(부모가 아들에게 저축의 중요성을 가르쳐야 하는 것도 바로 이 때문이다).

인내심을 가지고 살기 위해선 동기부여가 필요하다. 소년들은 즉각적이고 직접적인 혜택이 눈에 보일 때에만 동기를 가진다. 인내심을 길러주려면 아이가 바른 행동을 했을 때 부모가 즉시 보상을 해주는 것이 필요하다.

소년들이 성숙해감에 따라 보상의 기간이 늘어날 수 있다. 열두 살짜리 소년은 야구 방망이를 사기 위해 한 달 동안 돈을 모으면서 의욕을 잃지 않을 수 있다. 열여덟 살의 소년은 자신이 봐둔 스키를 사려고 서너 달 동안 돈을 모으고, 그동안 동기부여가 지속될 수 있다.

불굴의 정신에는 깊은 확신도 필요하다. 소년들은 개인적으로 좋아하고 믿는 것들이 있지만 다른 것에 쉽게 영향을 받기 때문에 자신의 신념과 좋아하는 것들을 쉽게 바꾼다.

성숙한 남자의 또 다른 특징은 자신이 무엇을 믿으며, 왜 믿는지를 안다는 것이다. 따라서 그는 다른 사람들이 동의하지 않아도 자신의 신념에 따라 행동한다. 그의 신념은 확고하기 때문에 그에 따라 행동하면서 흔들리지 않는다.

러디어드 키플링(Rudyard Kipling, 노벨문학상을 수상한 영국의 소설가 겸 시인—옮긴이)은 〈만일(If)〉이라는 아름다운 시에서 이렇게 요약했다.

만일 주위의 모든 사람이 냉정을 잃고 너를 탓할 때
냉정을 유지할 수 있다면,
만일 모두가 네 능력을 믿지 못할 때
자신을 신뢰할 수 있다면,
하지만 그들의 의심 역시 감싸 안을 수 있다면,
만일 기다릴 수 있고 또 기다림에 지치지 않을 수 있다면,

거짓말을 듣더라도 거짓으로 대처하지 않을 수 있다면,
미움을 받더라도 미워하지 않을 수 있다면……

그러면 소년은 남자가 될 것이다, 라고 키플링은 말한다.

또래 친구들은 소년에게 인내를 가르쳐줄 수 없다. 하지만 당신은 할 수 있다. 아들에게 무엇이 옳은지 발견하고, 옳은 것을 따르고, 그것을 고수하도록 가르쳐라.

자녀에게 열정적으로 많은 것을 제공하는 부모들은 아이들이 하기로 약속한 것을 쉽게 그만두도록 허락함으로써 아이가 성장할 수 있는 기회를 빼앗는 경우가 너무 많다. 만약 아들이 뭔가 시작했는데 충동적으로 하기 싫다고 결론을 내버린다면 그만두기 전에 적어도 2주에서 4주 정도는 더 해보게 하자. 그러면 그 과정에서 자신이 정말로 원하는 것이 뭔지 깨닫게 될 것이다. 그만두는 일을 가볍게 결정하거나, 너무 쉽게 끝내서는 안 된다.

제10장

종교의 영향

소년에게는 신이 필요하다. 예외는 없다. 다섯 살이
든 스물다섯이든 소년의 삶에 가장 큰 타격을 입힐 수 있는 것은 교육이
나 기회, 안정적인 양육의 결핍이 아니다. 자신을 염려해주는 신은 존재
하지 않는다는 생각이다.

소년들, 특히 어린 소년들은 신의 중요성을 알고 있다. 어린 소년들
은 보이지 않는 전지전능한 신이 존재한다는 생각을 나이 많은 형이나
누나, 부모들보다 더 잘 받아들인다. 나는 어린 환자들을 보면서 그것
을 발견했는데, 그것은 저명한 정신과 의사 로버트 콜스의 경험과도 일
치한다. 그는 종종 어린 환자들이 스스로 신에 대해서 이야기하는 것을
보았다. 숙련된 정신분석학자이자 퓰리처 상 수상 작가이며 하버드 의
대 교수인 콜스는 신에 대해서 아이들과 나누었던 수백 가지 대화들을
자세히 설명했다. 그는 저서 《어린이들의 종교적 삶(The Spiritual Life of
Children)》에서 그것을 소개했는데, 아이들의 이야기를 있는 그대로 실었

다. 나 역시 책에 나오는 것과 똑같은 표현들과 똑같이 자연스럽고 생동감 있는 신에 대한 믿음을, 나의 소년 환자들로부터 직접 들었다.

신에 대해서 이야기하는 소년들은 한 가지 흥미로운 특징을 보이는데, 이들은 신의 기분을 묘사한다. "제 생각에 제가 엄마 말을 잘 들었을 때는 하느님을 기쁘게 하는 것 같아요" 또는 "저는 거짓말을 할 때, 하느님이 정말로 실망한다는 것을 알아요." 그리고 소년들은 신이 어떻게 생겼는지를 묘사할 때면 언제나 신의 몸이 아니라 얼굴을 이야기한다. 그는 커다란 얼굴을 가졌다. 주름진 얼굴에 수염이 있고, 친절하지만 조금은 엄하다. 소년들의 말에 따르면 얼굴은 그에게 가장 중요한 부분이다. 왜냐하면 그는 실제로는 사람이 아니고 영혼이지만, 신이 우리에 대해서 어떻게 생각하는지 알려면 그의 얼굴 표정을 봐야 하기 때문이다. 신에 대한 이런 이야기들은 지난 수십 년 동안 내가 어린 소년들을 치료하면서 들어온 것이다.

어린 소년들은 신이 어떤 존재인지 알고 싶어 한다. 이들은 신이 어떻게 미소 짓고, 어떻게 얼굴을 찡그리는지, 신이 어떻게 긍정과 부정을 표현하는지 상상하면서 신의 특징을 더 잘 이해하는 것 같다. 소년들의 본성은 단순하지만 실용적이어서, 만약 신이 진짜라면, 그가 어떤 존재인지 알고 싶어 한다. 그가 믿을 만한 친구라면 조금 더 가까이할 것이다. 만약 그가 심술궂다면 피할 것이다. 무엇보다도 소년들은 신이 어떤 식으로든 자신들을 도와줄 것인지 알고 싶어 한다. 그가 내 얘기를 들어줄까? 그는 정말로 내가 학교에서, 내 방에서, 아니면 전화를 할 때 무얼 하고 있는지 다 보고 있을까? 내게 문제가 생겼을 때, 그가 문제를 해결해줄까?

소년들은 신의 존재를 이해한다. 소년들은 신이 확실한 형태가 없으며 보이지 않는 상태로 존재한다는 것을 쉽게 상상한다. 또한 신은 남성과 여성의 특성을 모두 가지고 있으며(신은 아버지처럼 권위적이면서 어머니처럼 자비롭다), 동시에 세상의 모든 것을 볼 수 있다고 상상한다.

어린 소년들에게 그것이 쉬운 한 가지 이유는 생각과 느낌이 일어나는 내면세계를 바깥세상과 연결시키기 때문이다. 다시 말하면, 소년들의 행동은 내적인 감정을 그대로 반영한다. 소년들은 자신을 덜 억제하고, 신에 대해 가지는 자연스러운 믿음을 남들과 공유하는 것에 거리낌이 없다. 하지만 초등학교 고학년이 되면 내적 자아를 억지로 감추기 시작한다.

한편 성장하면서 어른들로부터 자신의 믿음이나 믿음을 대변하는 것들에 대해 놀림을 받으면 아이들은 신에 대한 자신의 믿음을 불편하게 생각하게 된다. 어른이 소년에게 저지를 수 있는 가장 나쁜 폭력 중 하나는 소년이 신에 대해 갖는 어린이답고 솔직한 믿음, 즉 아주 진실된 믿음을 뭉개버리는 일이다. 많은 어른들은 종종 아이가 '스스로 선택'하길 원한다는 명목 아래 아들의 믿음을 짓이겨버린다. 아이러니하게도 그것은 아이에게서 바로 그 결정권을 빼앗는 것이다.

신은 소년들에게 이롭다

의학적인 연구들이 오늘날 미국 소년들의 신앙상태에 대해 발표한 것을 살펴보자(이 정보는 《청소년건강저널(The Journal of Adolescent Health)》에서 나왔으며, 조사 대상 아이들의 평균 나이는 열여덟이다).

• 소년들의 89%는 신의 존재를 믿는다고 말했다.

- 소년들의 77%는 자신의 삶에서 종교가 중요하다고 말했다.
- 소년들의 80%는 신은 자신을 사랑하고 염려한다고 말했다.
- 소년들의 63%는 개인적으로 신과 의미 있는 관계에 있다고 느낀다.

즉, 초등학교 저학년 시절과 비교하면 일부 10대들 사이에서는 신앙에 대한 믿음이 줄어들고 있을지 모르지만, 신의 존재에 대한 믿음은 청소년기의 소년들 사이에서 여전히 압도적인 진실로 여겨진다는 것을 알 수 있다.

신앙이 소년의 감정, 생각, 행동에 미치는 영향에 대한 의학연구들을 검토하는 것은 놀라운 경험이다. 각각의 연구결과는 놀라울 정도로 일관되며, 신의 존재를 믿는 것이 소년의 행복에 미치는 영향은 매우 크다.

많은 부모들은 아들이 나쁜 길로 새지 않게 하려고 자녀양육에 관한 책을 읽고, 전문적인 조언을 구하고, 집에 있는 전자매체를 통제한다. 부모는 아들이 마약, 음주, 포르노 등을 멀리하도록 애쓴다. 또 아들이 학교공부나 취미활동, 또는 인간관계를 잘 해나가기를 바란다. 궁극적으로 부모들은 자신의 아들이 행복하기를 바란다.

많은 과학적 연구들은 이것을 성취할 수 있는 좋은 방법은 자녀에게 종교를 갖게 하는 것이라는 사실을 밝혔다.

신앙심이 깊은 소년들은 너무 이른 나이에 성행위를 하는 경우가 적고, 10대 시절에나 그후의 삶에서도 문란할 가능성이 낮다. 신앙을 가진 소년들은 담배를 피거나, 술을 마시거나, 무단결석을 하거나, 마약에 손대거나, 우울증을 겪을 가능성이 훨씬 낮다. 또 더 높은 자존감을 가질 가능성이 크다. 부모가 종교적인 사람이라면 아들은 범죄행위에 가담할 가능성이 적다. 또한 종교는 가난한 환경에서 자라는 아이들에게 어린 시절의 가난에서 비롯된 육체적, 심리적, 행동상의 약점을 극복하는 것을 도와준다.

프린스턴 대학과 펜실베이니아 대학의 합동연구팀은 종교가 어린이들의 삶에 미치는 영향을 주제로 한 문헌들을 찾아서 논평했다. 또 자체 연구를 통해 종교가 어린이들의 육체적, 정신적 건강에 긍정적인 영향을 준다는 증거들이 매우 많다는 것을 발견했다.

많은 사람들은 자신의 직업과 종교를 분리시킨다. 우리는 부모이면서 동시에 의사, 교사, 코치이지만 소년들을 정신적, 육체적, 심리적으로 건강한 남자로 키우기 위해서는 종교적 요인도 무시할 수 없다. 종교에 대해 부모가 어떻게 생각하든 중요한 것은 신의 존재가 소년들에게 이로우며, 따라서 그것을 무시할 수 없다는 사실이다.

오늘날 많은 종교인들, 특히 10대 신자들은 더 이상 종교에 대해 신을 알아가고 숭배하는 도구라고 생각하지 않는다. 이들은 종교를 자아발견의 도구로 사용한다. 물론 아직도 전통적인 신앙생활을 영위하는 사람들도 많다. 전통적인 종교는 더 도전적이고 엄격할 뿐만 아니라, 더 위안이 되기도 한다. 왜냐하면 그것은 확실하기 때문이다. 또한 전통적인 종교는 자기 탐구보다는 규칙, 의미 정의, 신학 등에 더 많은 시간을 쏟기 때문이다.

전통적인 종교활동을 고수하는 소년들은 신앙이 없거나 형식 없는 자발적인 신념을 가지고 자란 소년들보다 삶의 스트레스에 더 잘 견디고, 삶의 목적과 자신의 완전성을 더 잘 느낄 가능성이 훨씬 높다. 소년들에게는 잘 짜인 틀이 필요하며 소년들뿐만 아니라 어른들에게도 체계는 중요하다. 전통적인 종교가 그런 틀과 규칙을 제공한다.

하지만 많은 부모들이 자신이 피곤하다는 이유로, 또는 자신이 종교 생활에서 벗어나 있거나 열의가 없기 때문에 아이들에게 종교를 가질 기회를 박탈한다. 그리고 그 결과 너무나 많은 소년들이 종교적으로 무지하다. 이들의 삶은 중요한 문제들에 대한 답을 원하지만, 부모들이 그것을 다 줄 수는 없다. 그런데도 많은 이들이 아들을 교회나 절에 데려가기를 거부한다. 아이는 그곳에서 자신이 원하는 답을 찾을지도 모르는데 말이다. 나는 특정 종교를 지지하는 것이 아니다. 하지만 의사로서 아이들을 진료하면서 얻는 경험들은 그동안 많은 연구들이 입을 모아 말하듯 '종교는 소년들에게 이롭다'는 사실을 확인해준다. 많은 부모들이 아이의 자존감과 고유한 개성을 죽이지 않는 방법에 대해 고민하고 수많은 자녀교육 책과 심리학 책을 읽지만, 아이들의 영적인 삶에 대해서는 조용히 뒷전으로 넘겨버린다. 많은 부모들은 아이들이 자라서 스스로 신에 대한 결정을 내리길 바란다고 말한다. 만약 아들이 종교를 가지고 싶어 한다면, 자신이 믿고 싶은 종교가 무엇인지 스스로 결정해야 한다. 그렇다. 부모는 아이가 스스로 읽고 생각할 수 있도록 교육하고 자극해야 한다.

하지만 여기에는 실수가 숨어 있다. 소년들은 텅 비어 있는 메뉴에서는 아무것도 고를 수 없다는 것이다. 아이에게 신앙을 고르라는 것은 마치 아이를 비행기에 태워 프라하로 보내고, 도시의 한가운데로 데려가서는 어디에서 묵고, 무엇을 할 것인지 고르라고 하는 것과 마찬가지다. 아이는 어떻게 해야 할지 전혀 알 수 없다. 선택지에 어떤 것들이 있는지 모르기 때문이다. 아이에게는 한 번도 가본 적이 없는 도시가 광활하고 압도적으로 느껴진다.

정말로 아들의 선택을 돕고 싶다면, 부모가 할 수 있는 책임감 있는 일은 아이에게 세계의 종교에 대해서 광범위한 교육을 해주는 것이다. 참고할 만한 종교적인 틀이 하나도 없다면, 소년은 사이비 종교에 빠지거나 어떤 부모도 원하지 않을 다른 '믿음'에 빠지게 될 가능성이 커진다.

아이들이 스스로 선택하게 하는 것은 정치적으로 타당한 일이다. 특히 신앙과 같이 민감하고 사적인 문제에 있어서는 선택의 여지가 많을수록 좋다. 하지만 아들을 정말 돕고 싶다면 아들에게 당신의 믿음을 가르치는 것이 좋다. 만약 당신에게 신앙이 없다면, 당신이 무엇을 믿는지 먼저 찾아내라. 그리고 왜 당신이 그것을 믿는지 알아내라.

종교적인 믿음은 아이들의 삶을 더 풍요롭게 만든다. 아이들과 함께 교회 예배에 참석하거나 절에 가는 부모들은 아이들과 더 좋은 관계를 가진다. 종교는 아이들에게 이롭다. 하지만 무신론을 홍보하는 최근의 베스트셀러들을 보면 확실히 알 수 있듯이, 오늘날에는 신과 종교로 가는 길을 가로막는 장벽이 너무 많다. 위대한 수학자이자 철학자인 파스칼은 이렇게 말했다.

"인간에 관한 완벽한 지식을 갖고 있기 때문에 종교는 숭고한 것이다."

당신의 아들은 파스칼이 이야기한 대로 신에 대해 배울 필요가 있다.

왜 소년들에게 종교가 필요할까

이유 #1-희망
오늘날 세계의 수많은 소년들의 삶에는 희망이라는 결정적인 요소가 빠져 있다. 희망은 밝은 미래를 꿈꾸는 믿음이다. 소년이 희망을 가지면, 엄청난 아픔을 겪는 와중에도 앞으로 더 좋은 것이 올 것이라는 믿음을 지닐 수 있다. 어쩌면 부모님의 이혼을 견뎌내거나, 학교 대표팀에 선발되지 못하더라도 여전히 자신은 특별하다고 생각할 수 있다. 희망이 없다면, 시련과 충격적인 경험으로 깊은 상처를 받은 소년들은 종종 자기 삶의 거대한 일부가 망가져서 절대 회복될 수 없을 거라고 느낀다.

유대인 정신과의사 빅터 프랭클은 2차 세계대전 당시 나치의 강제수용소에 감금되었다. 그는 살아남았고, 유명한 저서 《죽음의 수용소에서 (Man's Search for Meaning)》에서 그는 수용소에서 살아남은 사람들이 끝내 살 수 있었던 것은 한 가지 이유 때문이라고 했다. 그것은 바로 희망이었다. 자신의 고통 속에서 의미를 발견할 뿐만 아니라 긍정적인 미래를 꿈꿀 수 있었던 사람들은 지독히 더러운 막사에서 빠져나와 앙상한 몸을 이끌고 하루 더 일터로 향했고, 한 번 더 노동을 할 수 있었다.

반대로 현재의 고통스런 순간에 지속적으로 머물거나 수용되기 이전의 삶을 그리워하던 사람들은 삶이 무의미하다는 믿음에 빠졌고, 내적으로 무너지기 시작했다.

모든 소년들의 삶이 프랭클이 있었던 강제수용소처럼 굶주림, 고문, 굴욕으로 가득 차 있지는 않지만 많은 소년들이 외로움, 무의미함, 지루함, 감정적 괴로움을 이해한다. 그런 감정들을 느끼기 때문이다.

소년들이 겪는 문제에 대한 해답도 이와 다르지 않다. 즉 확실한 희망을 가지고 사는 것이다. 그런 희망 없이는 소년들은 내적인 쇠락 과정을 겪게 될 것이다.

희망 없이 살아가는 소년들은 누구도 오래 견디지 못한다. 나쁜 행동에 빠지는 소년들은 미래가 없다고 생각하며, 자신의 삶이 변화될 수 있

220

다는 것을 알지 못한다. 하지만 이 소년들에게 사랑을 주고 참아주고 가르칠 수 있을 정도로 용감한 부모나 염려해주는 어른들이 있다면, 그런 상황을 벗어날 수 있을 것이다. 하지만 안타깝게도 이런 소년들 중 많은 아이들이 자신을 그렇게 걱정해주는 어른들을 찾을 수 없고, 희망을 찾지 못한다.

종교는 많은 소년들이 갖지 못하고 있는 희망을 줄 수 있다. 희망을 주는 일에서 신은 누구보다도 뛰어나다. 그에게는 한계가 없으며, 죽지도 않고, 실패할 수도 없기 때문이다. 소년에게 신이 희망을 주는 이유가 바로 이것이다.

이유 #2-사랑

래비 재커라이어스(Dr. Ravi Zacharias) 박사는 오늘날의 소년들은 '속된 것을 지키려고 성스러운 것을 허비하는' 세상에 살고 있다고 말했다. 소년들에게 신에 대해 가르치지 않았을 때 정확히 이런 일이 일어난다. 참고할 만한 것이 속된 것들—대중문화처럼—뿐인 소년들에게는 사랑이란 기본적으로 섹스이고, 순간적이고 가벼운 것이다. 이런 길을 따르는 소년들은 공허함을 느낀다. 그들은 진짜 사랑에 대해서 잘 모르기 때문이다.

하지만 신앙을 가진 소년들은 신을 완벽한 사랑의 표현으로 여기고, 사랑을 좀 더 넓고 큰 그림으로 본다. 그들은 사랑이 배려와 공감, 옳은 일을 하는 것이라는 사실도 알게 된다. 부모가 없거나 문제가 있는 가정의 어떤 소년들에게는 신이 사랑을 배우고 느낄 수 있는 유일한 길일 수도 있다. 사람들은 모두 무조건적으로 사랑받는 기분을 경험하고 싶어한다. 존재하는 것만으로 사랑받는 것 말이다. 하지만 소년들에게 무조건적인 사랑은 좀처럼 오지 않는다. 많은 부모가 자녀를 사랑하지만 자녀와 감정적으로 얽혀 있으며, 자식에게 기대와 욕망을 가지기 때문에 완전한 무조건적 사랑을 베푸는 것은 쉽지 않다. 하지만 모든 소년들은 그런 사랑을 갈망한다. 그렇다면 아이들은 어디에 의지해야 할까?

어떤 어른들에게는 진부하게 들릴 수 있는 말이지만, "하느님은 당신을 사랑합니다"라는 말은 그것을 믿는 소년들에게는 강력한 주문이 된다. 그들은 모든 사람들이 열망하는 것, 즉 자신이 가치 있는 존재라는 확인을 받는다.

이유 #3-진리

모든 소년들은 진리를 찾으려 한다. 어린 소년들은 무엇이 옳고 그른지를 알고 싶어 한다. 좀 더 나이가 든 소년들은 무엇이 진짜고, 무엇이 가짜인지를 알고 싶어 한다. 더 성숙한 소년들은 무엇이 진실이고, 무엇이 거짓인지를 알고 싶어 한다. 사랑을 갈망하는 것처럼, 진실을 알고 싶어 하는 것 또한 원초적인 욕구이다. 모든 사람들이 직면하는 가장 큰 질문은 신에 대한 것이다. 신의 존재에 대해 진실을 가리는 싸움은 아마도 인류 역사상 가장 광범위하게 토론된 철학적 문제일 것이다. 많은 사람들이 신은 존재한다고 믿지만 또한 적지 않은 사람들이 신은 존재하지 않는다고 믿는다.

스튜어트 박사는 신의 존재에 대한 질문과 내적인 열망을 우주의 '메아리'에 대한 인간의 반응이라고 말했다. 그리고 모든 남자들은 이런 우주의 속삭임을 감지할 때 마음속에서 네 가지 탐구를 시작한다고 말했다.

첫째, 남자들은 세상에 초월적인 질서가 존재한다는 것을 감지한다. 이것은 그들이 세상의 창조자를 찾는 일을 촉발시킨다. 둘째, 남자들은 아름다움을 보면 자연스럽게 경이감을 느낀다. 이런 성향은 아름다움

너머에 있는 의미를 찾도록 자극한다. 셋째, 남자들은 의미 있는 관계를 탐색하며, 그런 관계들이 깊은 일체감, '집에 돌아온 것 같은' 느낌을 주기 때문에 소중하다는 결론을 내린다. 이런 느낌은 보편적이며, 남자들은 이 일체감이 신이 만든 것이 아닌가 하는 의문을 갖는다. 네 번째, 모든 남자들은 옳고 그름, 정당함과 부당함에 대한 생각을 갖고 있다. 이것은 남자들이 그런 보편적인 도덕률을 신이 만든 것이 아닌가 하고 생각하게 만든다.

신의 존재에 대해 고민하면서 진리를 찾아나가는 것은 어떤 정신적 훈련보다도 소년의 마음을 열어주는 데 도움이 된다. 세속적인 우리 세계의 너무 많은 부분이 그런 탐험을 무시하고, 부정하고, 금지하면서 소년의 마음을 좁아지게 한다. 우리는 소년의 사고를 편협하게 만들 뿐만 아니라, 이 소년의 깊은 열망까지 억누른다. 그래서는 안 된다.

이유 #4- 은총

희망과 마찬가지로, 모든 소년에게는 새로운 기회가 필요하다. 우리는 의도하지 않게 잘못된 선택을 하고 자신과 다른 사람에게 고통을 주었다 해도, 자신의 실수를 깨닫고 나쁜 행동을 멈추고 다시 새로 시작할 수 있다는 것을 소년들에게 알려줘야 한다.

오직 은총만이 새로운 시작을 위한 문을 열어준다. 사랑과 마찬가지로 은총은 부모가 베풀기에 어려운 것이다. 은총을 베풀기에 부모는 인간적인 한계와 감정에 얽매여 있다. 아들을 사랑하는 부모는 아들이 자신의 실수를 이해하고 그 실수에서 교훈을 얻길 바란다. 아들이 그런 실수를 또다시 저지르는 일이 없도록 훈계를 늘어놓고, 더 이상 말썽을 부리지 않게 하려고 아이의 실수를 다시 들먹인다.

많은 아이들은 자신의 무능력함과 실패를 예민하게 인지한다. 소년들에게는 실수는 잊어버릴 수 있다고 안심시켜주는 말이 필요하다. 신앙과 믿음이 소년들에게 그것을 줄 수 있다.

이유 #5- 안정감

모든 소년은 삶에서 안정감을 찾는 방법, 발 디딜 곳을 찾는 방법이 필요하다. 어떤 어려운 일을 당하더라도 종교에 의지하는 소년은 그렇지 않은 아이보다 상황을 극복하는 데 훨씬 유리하다. 소년은 안정감을 느끼며, 신이 항상 자신과 함께하기 때문에 모든 것을 잃은 것은 아니라는 것을 알고 있다.

청소년기가 시작되면 많은 소년들은 정신적으로 부모와 거리를 둔다. 이것은 아주 건강한 변화이다. 하지만 이 때문에 대부분의 소년들은 작은 일에도 상처받기 쉬운 상태가 된다. 이런 취약한 상태는 고통스러운 상황이 일어날 때 절정에 치닫는다. 이들은 아직 완전히 성숙하지 않기 때문에 훨씬 쉽게 무너져버린다. 그렇다면 이 소년들을 다시 일으킬 수 있는 것은 무엇일까? 아이들이 부모의 도움을 거부할 때, 이들의 어깨를 붙잡고 일으켜 세워줄 사람은 누구일까? 무릎을 꿇고 앉는 것까지는 친구들이 도와줄 수 있을 것이다. 하지만 이들을 완전히 두 발로 서게 하려면 어른의 도움이 필요하다. 하지만 어른들은 너무 바쁘다.

부모가 소년에게 관심을 가진다고 해도, 대부분의 경우 소년에게는 충분하지 않다. 성장해가는 건강한 청소년은 자신이 항상 엄마나 아빠에게 의존할 수는 없다는 것을 알며, 그런 의존을 넘어서야 한다는 것도 잘 알고 있다. 또 부모는 아이의 욕구를 만족시키는 일에 모든 책임을 질 수 없다는 것을 깨닫는다. 대신 우리는 대책을 세워야 한다. 아들에게 정답과 지원, 사랑의 느낌을 줄 수 있는 다른 방법을 찾아야 한다. 부모가 소년에게 궁극적인 사랑, 선, 지혜의 근원이 되어줄 종교를 주지 못한다면 이들은 어디로 향하게 될까? 청소년들의 주위에는 나쁜 길로 빠질 수 있는 기회가 넘쳐난다. 실제로 적지 않은 소년들이 나쁜 길을 택하고, 자신의 삶을 내팽개친다.

소년들이 겁먹고 혼란스러워할 때 이들에게는 답이 필요하다. 답을 얻지 못하면 우울증에 빠질 수도 있다. 또한 청소년기에서 피할 수 없는 시련—인간관계, 성적문제, 스포츠의 패배—을 만나게 되면 소년들은 내면에서 쌓여가는 스트레스를 배출할 방법을 찾아야 한다. 소년들은 부모에게 자기의 그런 부정적인 감정을 숨기는 일에 능숙하다(이들은 '남자'가 되어야 한다는 걸 알고 있다). 하지만 그런 행동은 소년들의 내적 자아를 더욱 외롭게 한다. 그러나 종교에 의지할 수 있는 소년들은 그렇지 않은 아이들보다 유리하다. 이들은 외로워하지 않으며, 아무리 실패한다 하더라도 이 세상에 자신이 설 자리가 있다는 걸 알고 있다. 즉 이들은 신이 자신을 염려해주고, 누구도 이해하지 못할 때 자신의 생각과 두려움을 이해해준다는 것을 알고 있다.

소년의 쓰러진 영혼을 되살리는 것은 대단한 일이다. 모든 소년들은 그것을 알고 있다. 아들에게 종교가 주는 안정감, 항상 자신의 존재를 바라보고 사랑해주는 신의 존재를 알려주는 것은 부모가 아이에게 줄 수 있는 최고의 방패이다. 아버지도 안정감을 제공하지만, 아들에게 신의 존재를 알려준다면 그는 아들에게 훨씬 더 큰 것을 주는 것이다. 게다가 신은 아버지와 아들 모두를 사랑한다. 모든 소년들은 이런 기회를 누릴 자격이 있다.

제11장

어떻게 살라고
가르쳐야 할까?

모든 부모의 마음속에는 아들이 커서 이렇게 되었으면 하는 모습이 있다. 그것은 돈을 잘 벌고 이름을 날리는 직업을 갖는 것일 수도 있고, 때론 성공적인 결혼생활을 하고 아기를 낳아 잘 기르는 것일 수도 있다. 하지만 대부분의 부모가 마음속 깊이 바라는 것은 자기 아들을 남자, 즉 진짜 남자가 되도록 키우는 것이다. 우리가 일상에서 마주치면 존경하게 되는, 인격적으로 훌륭한 남자 말이다.

아들을 그런 남자로 키우려면 우선 부모가 아들에게 바람직한 미덕을 가르치고 스스로도 실천하며 사는 것에서 시작해야 한다.

두려워하지 마라. 모든 부모는 아들을 친절하고 신뢰할 수 있는 용감한 남자로 키울 수 있다.

자, 한번 시작해보자. 아들이 되기를 바라는 남자의 모습을 마음속에 그려보라. 당신이 원하는 모든 사항을 채워 넣어도 된다. 특정한 키와 몸무게, 직업, 심지어 신붓감까지도 고를 수 있다.

다 되었다면 이제 모든 얄팍한 요소들은 벗겨내자. 직업을 지워버려라. 아내, 집, 자동차, 취미도 하나씩 지운다. 이제 어떤 모습이 남아 있는가?

진실된 삶을 살고 열심히 일하는 남자인가, 아니면 앞서가기 위해서 누구든 밟고 오르는 악당인가? 한 남자의 모습을 품성만 남을 때까지 지워나가면, 그 바탕을 볼 수 있다. 힘든 상황에서 그는 용기를 보여줄 것인가, 아니면 약삭빠른 모습을 보여줄 것인가? 친구들 사이에서는 존중받을 것인가? 아니면 허풍쟁이이거나 도덕성이라곤 없는 사람으로 보일 것인가?

만약 당신의 아들이 용감한 사람이 되길 바란다면 지금부터 훈련시켜라. 아들이 정직하게 행동할 때 더 행복한 삶을 살 거라고 믿는다면, 아이의 거짓말에 즉시 호통을 쳐라. 만약 아들이 훌륭한 품성을 가지길 원한다면 겸손을 가르쳐라. 또한 아들이 자신의 남성성을 생산적으로 사용하길 바란다면 힘, 예의, 존중은 하나라는 사실을 가르쳐라.

모든 소년은 멋진 남자가 되기 위해서 도덕성을 훈련받아야 한다. 미덕을 가르치는 일은 사실 어느 부모라도 할 수 있다. 도덕성은 본능적인 부분이 있으므로, 부모가 아들의 마음에 도덕을 쏟아 부을 필요는 없다. 하지만 그것은 아직 작은 조각들로 흩어져 있기 때문에 정리하고, 형태를 맞추고, 닦아서 윤을 내는 작업이 필요하다.

사실 부모에게 가장 큰 부담이 되는 일은 시간을 내는 것이다. 서두르면 안 된다. 서두르게 되면 우리는 올바른 도덕성에 대해 토론하거나 생각하고 고민할 시간을 가질 수 없다. 아들에게 시간을 돌려주자. 아들에게 꿈꿀 시간을 주고, 아이가 질문을 하고 생각하도록 격려하라. 소년들은 도덕성을 키우기 전에 생각할 시간이 필요하다. 그렇지 않으면 미덕이란 벗어버릴 수 있는 한 겹의 옷에 불과하게 된다. 아이는 기분상태에 따라 도덕성을 입거나 벗어버릴지도 모른다. 하지만 진짜 미덕이란 그렇게 쉽게 버릴 수 있는 것이 아니며, 그 사람의 일부가 되는 것들이다.

가장 먼저 할 일은 아들의 삶을 단순하게 만드는 것이다. 아들에게 지루할 수 있는 여유를 주고, 스스로 시간을 채울 방법을 찾게 하라. 그러면 억지로라도 생각을 할 수밖에 없다. 아리스토텔레스의 《윤리학(Ethics)》이나 《정치학(Politics)》, 플라톤의 《대화(Dialogue)》, 또는 파스칼의 《명상록》을 읽게 하는 것도 좋다. 고전은 아이가 미덕에 대해서 생각하게 하고 미덕이 어떤 것인지, 어떻게 정의내리고 어떻게 실천할 수 있는지 생각하게 만들 것이다.

인생의 중요한 문제들을 성찰하기 위해서는 생각할 시간과 여유가 필요하다. 서둘지 말고 참된 것을 실천하고 그것의 중요성에 대해 부모와 토론할 시간을 만들어라. 아들이 도덕적으로 올바른 행동을 하는 것을 보면 충분히 칭찬하라.

소년들은 진실과 자부심을 갈구하는 것처럼, 스스로 도덕적인 길로 나아갈 것이다. 성장해가는 소년의 마음속에는 진실을 알려 하고, 어떤 것이 선한 것이며 왜 옳은 일을 해야 하는지 알고 싶은 욕구가 있기 때문이다. 소년들이 규칙을 세우고 행동규범을 정하는 것도 그 때문이다. 소년들은 자신이 존경하는 사람들(보통 자신의 부모님)로부터 도덕률을 얻는다. 일단 자신의 규범을 세우면, 소년은 그것을 따르려 할 것이고, 그것에 성공한다면 자신을 존중할 수 있게 된다.

정직함

바람직한 행동을 목록으로 만들 때 대부분 가장 높은 순위를 차지하는 덕목은 정직이다. 소년들은 주위 사람들의 정직함에 아주 민감하다. 이들은 주위 사람들이 정직하지 못할 때 즉시 알아차린다. 만약 소년이 매우 양심적이라면 거짓말을 하려고 할 때 눈썹, 콧구멍, 머리카락, 입 등이 그를 배신할 것이다. 소년들은 정직을 남성적인 자질이라고 여기며 그것을 배신하는 일은 남성적이지 않은 게 된다.

소년들은 기만적인 삶보다 정직한 삶을 살기를 원하며, 자신을 강하고 용감하게 느끼는 것을 좋아한다. 그리고 진실을 말하기 위해서는 힘과 용기가 필요하다.

아이들은 이미 착한 소년들, 내적으로 강한 소년들은 진실을 말한다는 것을 알고 있다. 시시한 소년들이나 거짓말을 하는 것이다. 거짓말은 약함을 의미한다.

그러므로 소년에게 정직함을 가르칠 때는 이미 준비된 청중을 앞에 둔 것이나 마찬가지다. 아들에게 선의의 거짓말—아무리 좋은 의도로 하는 것이라도—을 하도록 허용해서 혼란을 주지 마라. 어린 소년들은 흑백논리로 생각한다. 모든 것은 사실이거나 거짓 둘 중 하나이다. 어릴수록 아이들의 머릿속은 단순하기 때문에 부모가 '선의의 거짓말'이라도 거짓말을 허용한다면 아이는 혼란스러워진다.

또 가벼운 거짓말도 허락하면 안 된다. 거짓말은 소년을 비참하게 만들며, 아홉 살에 작은 거짓말을 하기 시작하는 소년은 열아홉이 되면 더 큰 거짓말을 하고, 서른아홉이 되면 감당할 수 없는 엄청난 거짓말을 하게 될 것이다.

우리는 진실되게 사는 것이 매우 힘든 일이라는 것을 알고 있다. 모든 소년들은 진실을 말하고 싶어 하지만, 그러기 위해선 선의의 거짓말을 하거나 진실을 조작하도록 놔두지 않아야 한다. 또 아들의 도덕관념을 방해하거나 어른이 될수록 정직하게 사는 것이 힘들어진다고 생각하게 만들지 마라.

정직하게 산다는 것은 자신을 포함해서 사람들을 눈을 크게 뜨고 지켜보는 것을 의미한다. 정직함을 잃지 않는 것은 정말 힘든 일이다. 특히 10대에는 더욱 힘들다. 하지만 소년이 자신의 자존심을 지키고자 한다면, 자신을 잘 아는 법을 배워야 한다. 또 자신의 소망과 목표를 정직하게 인식하고, 그것들을 지켜나가도록 노력해야 한다. 여기에 성공하면 아이는 스스로 뿌듯함을 느낄 것이다.

용기

용기는 정직, 온유, 겸손, 친절 등 다른 미덕들을 행동에 옮길 수 있게 해주는 덕목이다. 정직함을 잃지 않는 것도 힘들지만, 자신보다 다른 사람을 위하는 것도 어려운 일이다. TV나 영화를 통해서는 그런 친절함이나 겸손을 배울 수 없다. 지금 세상에서 미덕을 행하는 소년들은 어떤 면에서 대세를 거스르는 것이나 마찬가지이기 때문에 용기가 필요하다.

하지만 많은 경우 미덕은 즉시 그 보상이 이루어진다. 용기를 낸 소년은 그 사실만으로도 자랑스러울 수 있다. 압박 속에서 옳은 일을 한다면, 그것은 명예와 자기 존중의 원천이 된다. 소년은 대담하게 행동할 용기를 갖길 원하며 모든 소년은 목숨을 걸 가치가 있는 일을 하고자 한다. 친구를 위해서 목숨을 거는 것, 용맹하고 용기 있게 행동하는 것 등은 일반적으로 남성적인 것으로 여겨지는 자질이며, 따라서 모든 소년들은 용기를 원한다.

현대에는 소년이 친구를 위해 목숨을 걸거나 용에게 납치된 여자 친구를 구할 일은 생기기 어렵지만, 여전히 용기가 필요하다.

용기 있는 소년은 모임에서 친구들이 담배를 피우면서 한번 피워보라며 권유해도 거절하고 나오는 아이이다. 여자 친구가 술에 많이 취했을 때, 그 상황을 이용하지 않고 그녀를 집까지 태워다주는 소년이다. 당신의 아들은 어떤가? 당신은 아들이 어떤 모습이길 바라는가?

겸손

겸손한 젊은 청년이 친구들과 하는 대화를 들어보라. 아니, 그와 직접 대화를 해보는 게 좋겠다. 겸손한 소년들과 겸손한 남자들은 대학 교수이든 슈퍼마켓에서 장을 보는 할머니든, 모든 사람을 스스로 괜찮은 사람으로 느끼게 만든다.

이들은 자기 자신을 바라보지 않고 다른 사람들을 바라본다. 또 자신을 존중할 뿐만 아니라 다른 사람들도 존중한다. 이들은 자신의 고유한 인간성과 가치를 알며, 자기 자신이나 삶을 두려워하지 않는다. 뿐만 아니라 다른 사람들의 약점, 성공, 기질 등을 모두 포용한다. 그 소년에게 자신의 가치는 다른 사람들로부터 오는 것이 아니라 자신에게서 나오는 것이기 때문이다.

과거에는 지금보다 겸손을 더욱 중요하게 여겼다. 겸손은 거만하지 않도록 하며 한편 쓸모없는 자기연민에도 빠지지 않게 한다. 겸손은 균형을 유지시켜준다.

겸손한 소년들은 조용한 힘을 갖고 있다. 겸손함을 가진 소년들은 자신이 충분히 괜찮은지를 계속 걱정할 필요가 없고, 자신의 실패를 질책하지도 않는다. 한마디로 말해 성숙하다. 겸손한 소년들은 학교 복도에서 친구들이 쓰레기를 떨어뜨릴 때 말없이 줍고, 줄의 맨 뒤에 서고, 선생님을 위해서 문을 열어준다. 이들은 눈에 띄려고 애쓰지 않지만, 종종 눈에 띈다. 왜냐하면 이런 소년의 인품은 늘 빛이 나기 때문이다. 겸손한 청년들은 단순히 옆에 있는 것만으로도 즐거워지는 존재이다.

이와 대조적으로 남들보다 자신이 더 낫다고 믿으면서 자라온 소년들은 자신의 가치에 대한 왜곡된 인식을 갖고 있으며 주위 사람들, 특히 가장 가까운 사람들을 무시한다. 이들은 우월감 때문에 고립되며, 종종 외로움과 분노가 가득한 자기 파괴의 삶을 살아간다. 이들은 그저 어떤 사람도 다른 사람보다 더 가치 있지 않다는 단순한 진실 하나를 놓치고 있을 뿐이다. 모든 사람은 다른 재능, 능력, 특성을 가지고 있지만, 각각 독특한 가치를 가진다. 우리는 경쟁으로 가득 찬 삶을 살고 있기 때문에 이 간단한 진실을 잊고 산다. 아이는 우리가 가르쳐주기 전에는 이것을 배울 수 없다. 아이에게 모든 인간의 무한한 가치에 대해 가르치는 것은 자기 자신의 가치도 깨닫게 하는 것이다.

겸손한 소년들은 자기 자신에게만 관심을 가지지 않기 때문에 더 의미 있고 오래가는 우정을 지키며, 친구들 사이에서 존경을 얻는다.

종종 자존감을 높여준다는 좋은 의도에서 부모는 아이들에게 좋은 성과를 내는 것이 얼마나 중요한지 가르친다. 하지만 우리는 성과를 위한 성과가 아니라 다른 사람들의 삶을 향상시키기 위해서 자신을 향상시키도록 가르쳐야 한다. 진정으로 존경을 받을 만한 사람은 다른 사람들을 위해 자신을 희생하면서 훌륭한 일을 성취한 이들이다.

소년이 자신의 삶을 소중히 여기는 것처럼 다른 사람의 삶 또한 소중하게 여기는 것을 배울 때, 주위 사람들의 삶은 변화한다.

당신의 아들에게 자신이 만나게 되는 모든 사람들의 평범한 인간성을 소중히 여기고, 언제나 기꺼이 다른 사람을 돕기 위해 더 나서도록 가르쳐라. 우리들 중 남보다 더 귀하거나 잘나서 그런 일을 할 수 없는 사람은 아무도 없다.

온유

모든 소년들은 온유함에 대해 알아야 한다. 이것은 힘을 길들인 상태이며 야생마가 길들여진 이후에 얻어지는 상태이다.

온유는 약한 것을 의미하지 않는다.

크고, 잘 다져진 근육의 다부진 종마가 잘 훈련받아 벌판을 일정한 속도로 질주하는 모습이 온유함이다. 그는 한 톨의 에너지도 낭비하지 않고 정확한 동작을 하는 데 힘을 쏟는다.

물론 소년들은 동물이 아니지만 이 비유는 적절하다. 모든 소년은 사춘기에 접어들면서 테스토스테론 수치가 치솟고, 에너지가 증가하며, 근육이 두툼해지고, 자신의 힘을 더 많이 느끼게 된다.

이렇게 폭발하는 힘을 느끼는 시기야말로 소년이 온유함에 대해 배워야 할 때이다. 다른 미덕들과 마찬가지로 온유함도 훈련이 필요하다. 소년들에게 온유함은 정상적이거나 자연스럽게 느껴지지 않는다. 오히려 어울리지 않는 것처럼 느껴진다. 따라서 소년이 자신의 에너지와 힘을 건전한 방향으로 보내는 것을 배우려면 당신의 도움이 절실히 필요하다.

첫 번째 단계는 아들에게 자기 통제가 중요하다는 것을 확실히 이해시키는 것이다. 부모들은 10대 자녀를 교육하는 것을 피하려 하기 때문에 많은 소년들이 이것을 알지 못한다. 가정교육을 제대로 받지 못한 10대는 자기 통제의 중요성을 배우지 못하며 온유함을 보이지 못한다.

둘째, 아들이 10대가 되기 전에, 힘을 나쁜 방식으로 사용하면—다른 사람들을 다치게 하거나 지나친 공격성을 드러낸다든가—더 강력한 힘에 맞부딪치게 될 것이라는 점을 가르쳐야 한다. 만약 아이가 통제 불능이라면 아이를 붙잡고 재빨리 바로잡아야 한다. 아들을 교육시켜라. 끈기 있고, 올바르게, 애정을 기울이면서 가르쳐라. 이것이 온유함을 배우는 첫 단계이다. 초등학생 소년들은 부모의 통제가 필요하며 스스로를 통제하기에는 아직 미성숙하다. 아이가 10대가 되면 어린 시절의 이런 교육이 빛을 보게 될 것이다. 아이는 부모를 보며 자제하는 삶이 어떤 것인지를 배우면서 자란다. 아이가 에너지와 힘, 흥분을 느끼는 것은 좋지만 그 힘을 자신을 해치지 말고 이로운 쪽으로 써야 한다는 것을 가르쳐야 한다.

활동적이고 에너지가 넘치는, 사납게 날뛰는 소년들은 나쁜 소년들이 아니다. 그 소년들이 자신을 그렇게 느끼게 해서도 안 된다. 소년들은 본능적으로 활동적이고 에너지가 끓는다. 따라서 활동적으로 날뛰고, 에너지를 불태우고, 자신의 힘을 시험해볼 수 있는 기회가 반드시 필요하다. 비디오 게임이나 텔레비전, 컴퓨터는 운동할 기회를 빼앗는다. 모든 소년들은 뛰어놀아야 하고 활기 넘치는 놀이 가운데 규칙과 질서가 있다는 것을 배운다. 스포츠나 운동을 통해서 힘을 통제하고, 자신의 몸을 제어하며, 나아가 마음과 감정까지 다스리는 것을 배울 수 있다.

육체적인 것만 길들이는 게 온유함은 아니다. 온유는 지적인 미덕이기도 하다. 재능 있는 소년은 자신의 가능성을 알아차리기 시작하면서, 자신만의 능력을 금방 깨닫는다. 뛰어난 소년들은 지적인 호기심이 폭발하는 것을 느낀다. 부모들은 이를 알아차리고 아이들에게 그것을 표출할 수 있는 방법을 제공해야 한다. 매우 창의적인 소년들 중 많은 아이들이 머릿속에서 너무 많은 생각들이 미쳐 날뛰기 때문에 집중에 어려움을 겪는다. 하지만 똑똑한 소년들도 텔레비전 앞에 빠져 있거나 컴퓨터 스크린 앞에서, 또는 이어폰을 끼고 넋을 놓고 있다면, 성장이 저해될 수밖에 없다. 그런 전자기기들은 아이들을 세상과 분리시키고 현실적인 인간관계를 맺거나, 유익한 책을 읽거나, 악기를 배우면서 얻을 수 있는 지혜를 방해한다. 부모와 교사는 재능 있는 아이들에게 자신의 재능을 지휘하고 표현할 최선의 방법을 찾도록 도와줘야 한다.

친절함

나는 남성들로 가득한 분야에서 수년간 일해왔고 그들이 친절, 연민, 헌신을 행동으로 옮기는 것을 직접 보았다. 나는 72세의 남성 의사가 제3세계 국가의 전기도 없는(혹은 잘 들어오지 않는) 병원 가건물에서 매일 숨 막히는 더위 속에 한마디 불평도 없이 무료로 수술을 하는 것을 보았다. 그곳에서 산부인과 전문의가 새 생명을 받아내고, 내과 의사들이 죽어가는 사람들의 침상을 지키는 것도 보았다. 주위를 둘러보면 일터에서 친절하고 영웅적인 남자들을 어렵지 않게 찾을 수 있다.

하지만 중요한 사실은 친절에 대한 훈련은 부모와 가족을 통해 한 세대에서 다른 세대로 전해진다는 것이다. 사려 깊게 행동한다는 것은 항상 쉬운 일은 아니지만, 그런 행동들이 모여 건강한 사회를 만든다. 또한 사려 깊은 행동은 소년들을 더 행복하게 한다. 행복한 젊은 남자를 찾아보라. 그는 아마도 친절한 사람일 것이다.

친절함을 교육받은 소년들은 더 행복한 삶을 산다. 그들은 다른 사람에게 더 나은 친구가 되고, 더 믿음직한 배우자가 되는 법을 배운다. 또한 항상 자신만을 생각하는 것이 아니라 고객을 우선으로 생각하기 때문에 더 뛰어난 사업가가 된다. 또한 인정도 많다. 친절한 소년들은 다른 사람의 짐을 포용하는 법을 배우고, 더 강한 남자가 된다.

부모는 아들이 어릴 때부터 다른 사람에게 상냥하게 대하도록 가르치고, 다른 사람에 대해 좋게 말하도록 교육시켜야 한다. 시간이 지나면서 아이는 다른 사람들에게 더 친절하게 대할 것이다.

다르게 말하게 되면 다르게 생각하게도 될 것이다. 예를 들어 부모가 아들에게 친구에 대해 부정적으로 말하는 걸 그만두도록 가르친다면, 시간이 지나면서 아들은 친구의 나쁜 습관에 대해 잊게 될 것이다. 어쩌면 실제로 그 친구를 더 좋아하게 될 수도 있다. 불평하는 일을 금지하면, 더 행복해진다. 누군가에 대해 말하는 방식은 그 사람에 대해 그렇게 생각하게 만든다. 만약 불평을 한다면, 부정적인 생각이 불평에 앞설 뿐만 아니라 불평한 이후에도 따라다닌다. 그러면 부정적인 사고 패턴을 형성하게 되고, 점점 불행하게 행동하기 시작한다. 예를 들어 잘 놀지 않으려 하고, 밖에 잘 나가려고 하지 않는다.

많은 부모들이 아들의 불평을 용납한다. 자신의 감정을 표현해야 한다고 생각하기 때문이다. 물론 감정을 표현할 수 있어야 한다. 하지만 불평은 그렇지 않다. 대개 불평은 나쁜 기분, 불만, 지루함으로부터 터져 나온다. 아들의 입에서 불평이 나오지 않도록 교육시키지 않으면 코앞에 있는 좋은 것도 전혀 보지 못할 것이다. 반면 다른 사람들에 대해 긍정적인 것만 말하라고 가르치면, 아이는 사람들에게 더 친절하게 대할 것이다. 어렵지 않은 일이다.

내 경험으로 보아, 남자아이들은 여자아이들보다 언행을 바꾸는 일에 더 쉽게 적응한다. 어쩌면 남자아이들이 더 적게 말을 하기 때문일 수도 있고, 어쩌면 남자들이 문제를 해결하는 성향 때문일 수도 있다. 일단 소년들은 무엇을 해야 하는지 확인하고 나면, '왜 또는 어떻게'에 대한 고민을 별로 하지 않고 그냥 해버린다.

소년의 말투를 훈련시켜라. 그러면 아이의 사고방식을 바꾸게 될 것이다. 단순히 단어 선택이나 어조를 바꿈으로써 생각까지도 변화시킬 수있다. 많은 남자들은 이런 사실을 잘 알고 스스로 자신의 말투나 언어습관을 고치려고 노력한다. 성공한 남자는 말의 힘에 대해 잘 안다. 그는 말이 다른 사람에게 미치는 영향과 자신의 마음에 끼치는 심오한 영향력을 이해한다.

일단 언행을 바꾸도록 훈련하고 난 뒤에, 행동을 지켜보자. 말을 자제하는 법을 배우면 아이의 생각도 변화하고, 따라서 행동 역시 변화한다. 더 열심히 공부하고, 이전과는 다르게 행동하고, 관심사항도 변화할 것이다. 그렇게 아이는 다른 소년이 되어간다.

정직, 온유, 용기, 겸손처럼 친절도 훈련받아야 한다. 또 다른 미덕들이 소년의 내부에 이미 존재하는 것처럼, 친절 역시 그 안에 있다. 그 사실을 부모가 일깨워주지 못하면 그것은 잠든 채로 있을 것이며 심지어 죽어버릴 수도 있다. 아들에게 몸소 친절함을 보여주고, 친절해야 할 의무를 가르쳐라.

이런 미덕들을 배우지 못하고 자란 소년들은 공허한 삶을 산다. 용기를 행하는 법을 배운 적이 없는 소년은 남자로 살아가는 게 어떤 건지 절대 알지 못한다. 진실을 하찮게 여기고, 언제든 거짓말을 할 수 있으며 심지어 그것이 도움이 되기도 한다고 배운 소년들은 절대 남성성, 자기 존중, 명예, 진실로 가득한 삶을 경험하지 못한다.

겸손은 소년이 다른 사람들과 가깝고 진실되며 친밀한 삶을 살게 해준다. 다른 사람들의 가치를 존중하게 될 때에야 비로소 소년은 자신을 진정으로 소중히 여기게 된다. 겸손한 소년은 일과 사랑도 더 열심히 할 수 있다. 온유는 앞서 말한 모든 미덕을 필요로 한다. 온유한 남자는 자신의 힘과 그것을 통제하는 데 필요한 자제력을 잘 이해하기 때문에 용기 있는 삶을 산다.

모든 소년은 이런 미덕들을 훈련받아야 한다. 이런 미덕들은 소년들이 바른 길에서 벗어나지 않도록 붙잡아주며, 진정한 남자의 삶에 이르는 관문과 같다.

아이의 부모로서 오늘을 놓치지 마라. 당신의 아들은 텔레비전을 보며 보내는 세 시간, 컴퓨터를 사용하는 두 시간, 심지어 학교에서 수업을 듣는 여섯 시간을 통해서는 이런 미덕들을 배울 수 없다. 아들은 부모로부터 미덕을 배워야 하며, 부모가 그것들을 어떻게 실천하는지 볼 수 있어야 한다. 아들이 당신이 바라는 남자로 자라길 바란다면 바로 지금부터 시작해야 한다. 아들은 당신을 기다리고 있다.

제12장

당신이 확인해야 할 열 가지

당신이 사랑하는 그 아이는 당신의 삶에 우연히 온 것이 아니다. 소년은 당신에게서만 얻을 수 있는 바로 그 어떤 것 때문에 당신—아버지, 어머니, 선생님, 혹은 할아버지—의 곁에 있는 것이다. 소년은 다른 사람의 인정, 애정, 칭찬이 아니라 당신의 인정과 사랑, 칭찬을 원한다. 바로 당신에게 원한다. 당신으로부터 그것들을 받지 못하면 아이는 삶이 공허하고 방향을 잃은 것처럼 느낀다. 하지만 당신이 아이에게 친절과 애정, 격려, 사랑을 주기 시작하면 소년의 삶은 변화한다.

만약 당신이 어머니라면, 아들을 사랑하고 아들로부터 사랑을 되받는 것이 당신의 삶에 말로 표현할 수 없는 풍요로움을 가져다준다는 것을 알고 있다. 만약 아버지이고 운 좋게도 아들과 돈독한 관계를 맺고 있다면, 아들이 성장해감에 따라 당신의 가장 좋은 모습이 아들에게 반영되는 것을 볼 것이다.

어쩌면 당신은 그렇게 운이 좋지 않았을지도 모른다. 아들과의 관계가 망가졌거나 소원해졌고, 당신은 지쳐버렸을지도 모른다. 하지만 여전히 당신은 아직 화해가 가능하다고, 아직 다른 노력을 해볼 수 있고 성공할 수 있다고 말하는 내면의 목소리를 들어야만 한다. 당신의 아들은, 다섯 살이든 쉰다섯 살이든, 당신이 필요하다. 아이는 언제나 자신의 어머니나 아버지의 인정을 갈망할 것이다. 여기서 첫걸음을 떼는 일은 좀 더 성숙한 당신에게 달려 있다.

소년을 남자로 만드는 것보다 더 고귀한 일은 없다. 우리에게는 훌륭한 남자들이 더 필요하다. 그리고 당신에게는 그 일을 할 수 있는 능력이 있다. 훌륭한 아들을 키우는 것은 도전적인 일이지만, 성공적인 부모들은 공통적으로 다음의 열 가지 기본 원칙을 따른다.

1) 당신이 아들의 세상을 변화시킨다는 사실을 유념하라

아들이 갓난아기였을 때부터 당신과 맺는 관계는 아들 삶의 견본이 된다. 만약 부모가 신뢰할 수 있는 대상이라면, 아들은 다른 사람들을 신뢰할 것이다. 만약 당신이 자애롭지 못하고 비판적이라면 아이는 누구와도 그다지 가까이하지 않으려 하며 담을 쌓을 것이다. 부모는 아들의 감정적 여과장치이다. 아들이 미래에 가지게 될 모든 관계는 지금 그 아이가 부모와 맺는 관계의 틀에 맞추어지게 될 것이다.

아버지는 아들에게 삶보다 더 큰 존재이다. 어머니는 아들의 세계에서 편안함을 좌우한다. 만약 당신이 아들의 곁에 있지 못한다면, 누군가가 당신의 빈자리를 채워줘야 한다. 그렇지 않으면 아이의 세계는 위태로워질 것이다. 초등학교를 다니는 동안 소년의 감정, 경험, 생각 들은 부모와의 관계를 중심으로 계속해서 발달한다. 그 관계가 돈독하다면 아이의 학교생활은 생산적이고 더 즐거울 것이다. 만약 아들이 집을 나서기전에 당신과 다퉜다면, 아이는 수학시험을 망치거나 숙제 제출하는 것을 잊을 것이다. 당신과의 관계는 아이의 하루 전체에 영향을 미친다.

청소년기에 이르면, 아들은 자신과 부모 사이의 관계를 면밀히 살핀다. 만약 부모와 관계가 돈독하다면 아이는 남자로 성장해가는 올바른길을 발견할 것이다. 만약 부모와 관계가 나쁘다면 아들의 청소년기는분노와 반항으로 격동의 시기가 될 것이다. 소년은 한편으로는 부모로부터 떨어져 나오려고 애쓰면서, 심리적으로는 부모와 분리됨으로써 받은 상처로 고통스러워한다. 건강한 관계에서는 '해결되지 않은 문제'가적다. 따라서 부모와 건강한 관계를 가진 아들은 10대가 되어 불가피하게 부모로부터 심리적으로 독립하는 과정이 훨씬 덜 고통스럽다. 만약부모가 죽었을 때 아들이 부모와 좋은 관계였다면 아이는 적절하게 슬퍼하고 난 뒤 다시 앞을 향해 나아간다. 하지만 해결되지 않은 문제가남아 있거나 치유가 필요한 상처가 있는 소년들은 어머니나 아버지의 죽음 이후에 깊은 슬픔에 빠져 헤어나지 못한다.

미네소타 대학의 연구원들은 10대 소년 소녀들을 대상으로 음주나 마약, 섹스 등을 하는 결정을 내리는 데 가장 큰 영향을 미치는 것이 무엇인지 알아보았다. 만약 부모들에게 물었다면 대부분의 부모들이 10대는또래의 압력에 가장 큰 영향을 받는다고 대답했을 것이다. 하지만 틀렸다. 소년의 삶에 가장 큰 영향을 주는 것은 바로 '부모'이다. 소년이 부모와 갖는 관계는 그 소년이 앞으로 내릴 결정을 가장 잘 예상할 수 있게해준다. 이 연구를 더 자세히 들여다보면, 흥미롭게도 소년의 결정에 실제로 영향을 미치는 것은 부모가 하는 말이 아니다. 부모의 교육도 아니다. 그것은 소속감—자신이 그 가족의 일원이라는 깊은 소속감—이다. 소속감을 느끼는 소년은 있는 그대로의 자신이 환영받고, 사랑받고, 인정받는다고 느낀다.

만약 당신이 스스로 아들의 삶에 영향력을 주지 못한다고 느껴진다면, 완전히 틀렸다. 관점을 바꿔야 한다. 아들에게 당신보다 더 중요한 사람은 없다는 것을 깨달아라. 그리고 아들을 도와주기 위해 당신이 언제나 곁에 있을 거라는 것을 알게 하라. 당신은 아들의 삶을 바꾸게 될 것이다.

2) 아들의 내면을 성장시켜라

청년의 삶에서 인성은 그가 이루는 성과보다 더 중요하다. 고등학교 내내 온갖 스포츠 팀에서 활약하고, 완벽한 SAT 또는 ACT(SAT와 같이 미국에서 인정되는 대학입학능력시험의 하나—옮긴이) 점수를 가지고, 아이비리그 대학을 선택해서 갈 수 있는 팔방미인 수재를 키울 수도 있을 것이다. 하지만 아이가 거짓말을 한다면, 자신이나 다른 사람을 소중히 여기지 않거나 이기적이라면, 나중에 어떤 직업을 가지게 되든 간에, 결국 아이는 비참해질 것이다.

소년에게 행복은 더 높이 뛸 수 있는 능력이나 시험에서 높은 성적을 얻는 것에서 오는 것이 아니라, 건강한 인성으로부터 온다. 아들은 자신의 성과에 대해 당신이 어떻게 생각하는지 이미 알고 있다. 아이는 좋은 성적이 나쁜 성적보다 낫고, 공을 놓치는 것보다 골을 넣어서 점수를 내는 게 더 좋다는 것을, 음 이탈을 하는 것보다 고음을 매끄럽게 내는 게 더 좋다는 것을 이미 알고 있다. 하지만 당신의 아들은 부모인 당신이 자신을 인간으로서 어떻게 생각하는지 알고 싶어 한다. 당신은 아들이 이루는 성취들 너머에 있는 것—아이의 성품, 아이의 더 깊은 부분—에 얼마나 관심이 있는가? 놀라운 사실은 아이들이 쉽게 속아 넘어가지 않는다는 것이다. 소년들은 부모들이 어떤 행동을 할 때, 그 이유와 동기를 아주 정확히 안다.

아들은 당신이 가장 중요하게 여기는 것이 자신의 인성이라고 느껴야 한다. 아주 어렸을 때부터 말이다. 그러면 소년은 좋은 성격이 좋은 삶을 이끈다고 배우게 될 것이다. 여동생을 자상하게 돌보는 다섯 살짜리 아들을 바라보는 것만으로도 부모들은 보람을 느낀다. 유치원 선생님께 거짓말이 너무 하고 싶을 때, 솔직하게 말하는 일곱 살짜리 아이를 생각해보라. 열한 살이 되면 학급 친구가 시험에서 부정행위를 한 것에 대해 눈감지 않고 협박에 물러서지 않으면서 아이는 스스로 뿌듯함을 느낄 것이다. 열여섯 살이 되면 추잡한 성적 농담에 의연하게 대처하면서 스스로 남자답다고 느낀다. 스무 살이 되어 대학교 신입생이 되었을 때, 토할 때까지 술을 마구 마셔대는 것이 싫어서 술자리를 거절하기도 한다. 아이는 자신이 용감한 사람이라는 사실에서 위안을 얻고, 어떤 무리에 '잘 어울리기' 위해서 멍청한 짓을 할 필요는 없다고 느낀다. 그는 주관이 뚜렷한 자신에 대해 자부심과 자신감을 가진다.

소년들은 부모가 자신의 삶을 더 깊이 들여다봐주길 원한다. 이들은 성과보다는 자신의 인격이 더 사랑받기를 원한다. 인격이 자신의 진짜 모습이기 때문이다. 우리는 아들에게 스포츠, 교육, 예술에서 뛰어나도록 가르치는 데에만 집중한 나머지, 인성을 발달시킬 기회를 희생했다. 모든 부모가 던져야 할 가장 중요한 질문은, 내 아들이 스물일곱이 되었

을 때 어떤 직업을 가지게 될까가 아니라, 어떤 인성을 가지게 될 것인가
이다.

3) 아들의 남성성을 긍정적으로 발달시켜라

소년들은 리더가 되는 법을 알고 싶어 한다. 남자아이들이 노는 것을 지
켜보면 모든 소년은 무리에서 골목대장이 되고 싶어 한다. 아니면 맨 처
음 골을 넣고 싶어 한다. 리더십은 자연스러운 남성적 본능이다. 그러니
아들에게 리더가 된다는 건 어떤 의미인지, 진정한 리더의 자질은 어떻게
보여줄 수 있는지, 권력에 따르는 책임감이란 어떤 것인지, 리더십이란
다른 사람을 해치는 것이 아니라 돕는 것이라는 걸 말해주어라. 리더십
은 힘의 상징이지만 그것이 자만의 상징이 되어서는 안 된다.

　많은 소년들은 성장하면서 자기 회의를 극복해야만 한다. 하지만 이
들은 거절과 실패가 너무 두려워서 행동하는 걸 머뭇거린다. 따라서 소
년들은 거절당할까 봐 멋진 소녀에게 데이트 신청을 하지 않는다. 또 어
떤 아이들은 레슬링 팀에 지원하지 못한다. 경기에 출전하지 못하거나
선수단에서 잘리거나 망신을 당할까 봐 원하는데도 포기한다.

　아이가 자기 회의를 이겨낼 수 있도록 도와주자. 아이가 잘하지 못할
때도 무조건 칭찬하라는 얘기가 아니다. 대신 시도하고 실패하는 것이
강한 리더가 되는 과정의 일부임을 가르쳐라.

　소년들은 타고난 수호자들이다. 이들은 본능적으로 다른 사람의 행
복을 지키기 위해서 육체적이든, 지적이든, 감정적이든 자신의 힘을 발휘

하고 싶어 한다. 보호하려는 본능은 훌륭한 자질이지만 안타깝게도 오늘날의 많은 소년들과 남성들은 그 본능을 자신 안에 묻어버린다. 그것이 불필요하다고 들어왔기 때문이다. 그들은 아무에게도 그것이 필요하지 않다고 믿는다. 따라서 소년들은 수호자가 되고픈 본능을 밀쳐놓고 스스로 좌절감을 느낀다.

아들에게 자신의 직관에 따라 행동하라고 가르쳐라. 만약 반 친구가 수학 때문에 힘들어 하는데 아들이 수학을 잘한다면 가서 도와주라고 격려하라. 만약 아들이 덩치가 크다면 놀이터에서 왜소한 어린이를 지켜주라고 가르쳐라. 아들이 데이트를 한다면, 여자 친구를 위험한 상황에서 지켜주고 존중하도록 가르쳐라.

대부분의 여성들은 남자들로부터 보호받는 느낌을 좋아한다. 통제받거나 조정당하는 걸 원한다는 것이 아니다. 여성들은 자신이 소중히 여겨지고, 심지어 싸워서 얻을 가치가 있는 존재로 여겨지는 것을 원한다. 그러니 아들이 어렸을 때부터 보호자로서 남성적 본능을 발휘하도록 격려하라. 아이는 그런 행동을 통해 스스로 강하고 성숙하다고 느끼게 된 것이다. 또한 다른 사람을 돕고 스스로를 행복하게 만들 수 있는 방법을 배우게 된다.

소년들은 자기 삶의 모든 중요한 인간관계에 자신이 기여하기를 바란다. 그러니 아들이 그것을 하도록 격려하라. 아이가 다른 사람을 돕는 방법을 발견할 수 있도록 돕자. 이것은 건강한 남성성을 형성하는 데 무척이나 중요하다. 많은 경우에 남자들은 자신이 얼마나 많이 버는지, 얼마나 잘 무리를 이끄는지, 얼마나 효과적으로 가족들을 보호하는지를 통해 자신을 정의 내린다. 제공하고, 보호하고, 이끌려는 소년의 열망은 아이를 훌륭한 남편, 훌륭한 상사, 훌륭한 아빠가 되게 한다. 아이가 이런 본능을 지휘하고 실행할 수 있도록 하라.

4) 목적과 열정을 찾도록 도와주어라

모든 소년은 각자 태어난 이유가 있다. 우연히 이 세상에 온 것이 아니다. 아이는 무엇인가를 하기 위해서, 특별한 누군가가 되기 위해서 존재한다. 우리는 소년이 어떤 직업을 가져야 하는지 가르칠 필요는 없지만, 어떤 사람이 되어야 하는지는 가르칠 수 있으며, 무엇보다 삶에는 목적이 있으며, 다른 사람의 삶에 긍정적인 변화를 일으키기 위해 이 세상에 왔다는 것을 가르칠 수 있다. 이런 깨달음에 이르는 것은 소년에게 엄청난 자유를 느끼게 한다. 자라면서 소년은 자신의 삶을 더 큰 맥락에서 보기 시작하기 때문이다. 이때 가장 큰 동력이 되는 것은 자신의 열정, 자신에게 소명이 있다는 느낌이다. 소명을 이루는 일에서 깊은 만족감을 느끼기 시작하면 소년은 미덕을 실천하려고 한다. 그리고 그런 목적을 달성하기 위해서는 더 용감해져야 하고, 정직함이 필요하며, 힘과 에너지를 필요한 방향으로 모으는 데 반드시 자제력이 필요하다는 것을 깨닫게 된다. 삶의 목적을 성취하려는 열정은 소년이 자신의 품성에 미덕을 넣을 수 있게 만든다.

오늘날 소년들은 자신이 존재하는 데에는 아무 이유도 없다고 생각한다. 이들은 삶에 어떤 목적도, 어떤 의미도 없다고 믿는다. 따라서 도덕성을 지니고 실천할 건강한 열정도, 동기도, 이유도 마음속에 갖고 있지 않다. 따라서 이들은 자신과 다른 사람들에게 파괴적인 행동을 한다. 당신의 아들이 이런 길 잃은 소년들 중 한 명이 되지 않도록 자신의 삶에

목적이 있다는 것을 알려주고, 오랜 시간에 걸쳐 그 목적을 찾는 것을
도와주어라.

5) 봉사를 가르쳐라

아들을 성공적으로 키우는 부모들은 소년이 사랑할 수 있는 능력을 기
르고, 자신보다 다른 사람을 위할 수 있는 마음씨를 갖도록 만드는 것
을 주된 목표로 삼는다.

　소년들은 봉사를 통해서 삶의 의미에 대해 배우고, 자신의 삶의 목적
을 알아낼 수 있다. 그리고 정서적으로 안정적이고 훌륭한 청년이 된다.
또 인간의 정신이 숭고해질 수 있다는 것을 배우고 다른 사람들에게 가
까이 다가가고 봉사할 때, 삶은 더 커지고 더 많은 의미를 갖게 된다는
것도 배우게 된다.

　이런 소년들은 또 인내와 연민을 배운다. 이들은 거짓 자부심을 버리
고 진짜 겸손함을 얻는다. 또 사랑은 행동하는 것이란 사실을 배운다.
그리고 자기 자신과 다른 사람들, 세상을 더 깊고 성숙한 눈으로 바라
볼 수 있게 된다. 외부로 눈을 돌려 도움이 필요한 곳을 찾고, 변화를
가져올 방법을 찾는다. 봉사하는 남자들은 훌륭한 남편이자 아버지가
된다. 왜냐하면 그들은 남을 위하는 행동을 통해서만 얻을 수 있는 만
족감을 이미 경험했기 때문이다.

　아들과 함께 무료급식소에 가서 배고픈 사람들에게 샌드위치와 따뜻
한 격려의 말을 건네라. 그렇게 함으로써 당신은 아들이 단순히 인생에

서 성공하는 것에 그치지 않고 진정으로 의미 있는 삶을 살도록 가르치게 될 것이다.

6) 자기 존중을 가르쳐라

당신의 아들은 하루 중 언제 자신이 존중받을 가치가 있다는 걸 배우고 있는가? 존중은 철이 들려면 아직 먼, 아들의 친구들(어쩌면 절대 철이 들지 않을)에게서는 발견하기 힘들다. 텔레비전 시트콤이나 랩 음악에도 나오지 않는다.

모든 소년은 자신이 존중받는다는 것을 알아야 한다. 하지만 일상이 겸손함, 감수성, 지성, 능력 등을 파괴하려고 애쓰는 사람들로 둘러싸여 있으면 자기 존중을 배우기란 매우 어렵다. 많은 어른들은 10대 소년들이 모두 불량하다고 생각하는 것 같다. 사실이다. 어른들이 자신들에 대해 낮은 기대감을 가지는데, 훌륭한 행동을 하기란 어렵다. 특히 부모님, 선생님, 코치가 그런 눈으로 자신을 본다면 더욱 극복하기 힘들다. 소년은 어른들이 자신을, 젊은 어른으로 대해주길 바란다.

당신은 아들의 삶에 영향을 미치는 모든 것을 통제할 수는 없지만 자신의 행동은 통제할 수 있다. 당신의 영향력이 아들에게 가장 중요하다. 당신의 아들은 누군가—특히 당신, 어머니나 아버지—가 자신을 여드름이 가득한 테스토스테론 덩어리가 아닌, 그 이상의 존재로 봐주길 간절히 바라고 있다.

그러니 아들에게 자신을 존중하는 법을 가르쳐라. 소년들은 다른 사람을 존중하는 것을 통해 자기 존중을 배운다. 공손함이 습관이 되도록 부모가 가르치면, 아이들은 자기한테 신경 쓰는 일을 줄이고 다른 사람에게 더 관심을 갖게 될 것이며 그 결과 친구들과 어른들로부터 존중을 얻게 될 것이다. 존중은 존중을 낳는다.

나는 종종 어른들이 남자아이에게 말하는 태도에 충격을 받는다. 시장이나 식당에서는 어머니들이 어린 아들에게 멍청하고, 게으르고, 심지어 쓸모없다고까지 말하는 걸 들을 수 있다. 교사들은 여자아이에게는 절대 하지 않을 방식으로 소년들을 대한다. 참을성이 없는 부모는 아들에게 모욕적인 말을 던지거나, 지속적으로 비난을 하면서 화풀이를 하고 있을지도 모른다. 어린 소년이든 성인 남자든 누구도 욕을 듣고, 계속 비난을 받고, '콧대가 꺾이는' 일을 반복적으로 당해서는 안 된다. 그런 대우를 받고 자란 소년들은 결국 자신이 존중받을 자격이 있다는 걸 다른 사람들에게 '증명'하느라 인생을 허비하게 된다. 이는 자신의 삶은 물론 주위 사람들의 삶까지 비참하게 만드는 것이다.

아들은 주로 아버지를 통해 자기 존중을 배운다. 아들의 눈에 아버지는 남성성의 완벽한 표본이다. 만약 아버지가 아들을 존중한다면, 세상이 그 아이를 뭉개버리려고 달려들어도 절대 원하는 대로 하지 못할 것이다.

그러므로 아버지들이여, 아들에게 말을 할 때는 조심하라. 할 말을 조심스럽게 고르고, 말투를 현명하게 선택하라. 아들에게 겁쟁이라든가 계집애같이 행동한다고 놀리지 마라. 아버지의 말은 아이의 자존감에 강한 흔적을 남길 것이고, 그것을 다시 회복하는 일은 쉽지 않을 것이다. 아들을 혼낼 수는 있지만, 당신이 어린 소년으로서 아들을 존중한다는 걸 반드시 알게 해야 한다. 더 중요한 것은 당신이 아이의 본보기가 되어야 한다는 것이다. 아들에게 자기 존중, 자기 통제, 예의, 사려 깊은 대화가 어떤 것이고, 어떤 영향을 미치는지 몸소 보여준다면, 아들의 인생을 변화시킬 것이다.

7) 포기하지 마라

때로 아들을 키우는 일에서 가장 힘든 부분은, 아이가 버릇없이 방문을 쾅 닫고 나가버릴 때에도 포기하지 말아야 한다는 것이다.

자식을 키우는 일은 심신을 지치게 한다. 중학교 1학년 학생들로 가득한 교실에서 한 해, 또 한 해 수업을 하다 보면, 교사는 무정하고 차갑게 변해버린다.

아들을 사랑하는 것은 인내와 굳건한 의지가 필요한 일이다. 하지만 절대 멈춰서는 안 된다. 휴식이 필요하다면 잠시 쉬어라. 하지만 절대 포기하지는 마라. 아들이 당신이 원하는 모습의 청년이 될 때까지 집중하자.

당신이 해야 할 과제가 있다. 오늘, 바로 지금부터, 아들과 보내는 시간을 두 배로 늘리도록 하라. 시간이 없다고 생각하는가? 그렇지 않다. 당신에게는 아이와 보낼 수 있는 충분한 시간이 있다. 장을 볼 때 아이를 데려가라. 저녁 뉴스를 끄고 아이의 숙제를 도와주어라. 아침식사 시간에 아들과 대화를 하라. 직장에서 돌아와서 아들과 농구연습을 하라. 아니면 주말에 낚시에 데려가라. 아들은 당신 곁에서 지내야 한다.

약물 남용, 알코올중독, 우울증 등의 문제를 가진 소년들을 치료할 때, 우리는 이들을 어른들과 대부분의 시간을 함께 보내는 프로그램에 집어넣는다. 더 많이 타락한 소년일수록 손을 내밀어주고, 일으켜 세워 보살펴주고, 교육하고, 소년에서 남자로 성장할 수 있도록 삶을 바로 세워줄 강한 어른이 더 필요하다.

256

아들이 아버지와 보내는 시간은 많으면 많을수록 좋다. 아들과 함께 있어라. 곁에 머물러라. 당신의 아들과 같은 지붕 아래 있어라. 아들이 더 자랄 때까지는 근무시간을 줄여라.

어쨌든 아이를 떠나지 마라. 숨을 크게 쉬고, 아들이 당신이 닿지 않는 곳에서 혼자 무너지게 만들지 마라. 그것을 성취하는 유일한 방법은 아들이 성인으로서 충분히 독립할 때까지 곁에 머물러주는 것이다.

8) 아들의 영웅이 되라

소년들은 주위를 둘러보며 모험을 찾는다. 영웅이 되고 싶기 때문이다. 소년은 용기, 정직, 고결함이 행동으로 나타나는 것을 볼 수 있어야 한다. 소년들은 이런 미덕들을 제일 먼저 아버지에게서 찾는다. 유명한 운동선수, 아이돌 가수, 영화배우보다도 아들은 아버지가 자신의 영웅이 되길 원한다. 아들의 눈에는 당신의 존재 자체가 영웅이다. 그 지위에서 내려와야 할 만한 행동을 자제하기만 하면 된다.

최근에 성공한 한 변호사로부터 이런 말을 들었다. '모든 남자는 아버지처럼 되거나 아버지를 뛰어넘길 열망한다.' 모든 소년들은 자신의 아버지가 보여준 정직, 용기, 신의, 겸손, 지혜의 크기만큼 덕성을 키우거나, 그 이상의 모습을 보이고 싶어 한다. 아들이 본받거나 능가하고 싶은 기준들은 아버지가 아들에게 본보기로 보여준 것들이다. 아들은 아버지의 애정과 인정을 얻기 위해 그 기준에 도달하거나 그것을 뛰어넘고 싶어 한다.

영웅의 모습을 지니지 못한 아버지를 가진 소년들도 많이 있다. 소년의 아버지가 집을 나갔거나, 타지에 살고 있을지도 모른다. 전화 통화나 편지마저 어색하다. 종종 아들은 부모의 이혼 후에 아버지에 대해 나쁜 감정을 갖게 된다. 만약 아버지가 어머니를 버렸다면, 아버지는 영웅이 될 수 없다. 반대로 아내가 먼저 남편에게 이혼을 하자고 요구했을 수도 있다. 만약 당신이 아들과 따로 살고 있는 아버지라면, 아들은 당신이 영웅이 되기를 간절히 바라고 있다는 것을 알아야 한다. 다시 아들의 영웅이 되기 위해서는 적극적으로 행동해야 한다. 아들에게 먼저 연락을 하라. 편지를 쓰고, 전화도 하고, 가능한 자주 만나라. 당신이 그런 노력을 한다면, 아들은 당신을 그 자리에 다시 올려놓을 것이다.

어쩌면 당신이 싱글 맘이고, 아이의 아버지가 아들에게 전혀 관심이 없을 수도 있다. 당신이 아들의 영웅이 될 수 있을까? 물론이다. 아들은 영웅에 대한 자신의 기대와 바람을 당신에게로 옮길 것이다. 흔히 아버지에게 가지는 것과는 다소 다른 기대와 바람일 수 있지만, 당신이 아들에게 사랑, 정직, 용기, 강인함이 무엇인지 보여준다면, 아들에게 당신은 완전한 영웅의 모습으로 보일 것이다.

소년이 영웅에게서 기대하는 것은 무엇일까? 영웅들은 정직하고, 용감하다. 그리고 옳은 것을 위해 맞선다. 남을 속이지 않으며 이타적이다.

신뢰했던 어른이 남을 속이는 모습을 보면, 아이는 충격을 받는다. 부모가 부도덕한 일들을 저지르면 소년은 세상이 무너지는 것을 느낀다.

오늘날 대중매체가 우리에게 제공하는 영웅들은 너무 천박하고, 저속하지만, 소년들은 그보다 더 현명하다. 이들은 유명세나 돈을 초월하는 영웅들을 원한다.

눈을 크게 뜨고 살펴보면 주위의 평범한 사람들 중에서 '특별한' 이들을 발견할 수 있을 것이다. 아들 앞에서 그들에 대해 이야기하고 그들의 자질을 칭찬하라. 완벽한 영웅이 아니어도 좋다. 자신의 일상을 영예

롭게 하는 사람들의 용기, 정직함, 자기 통제의 모범들을 보여주는 것은 훌륭한 교육이 된다. 얼마 지나지 않아 당신의 아들은 그런 미덕들을 자연스럽게 따르게 될 것이다. 다만 주의할 점은 아이의 또래나 동료를 칭찬하면 역효과를 낳는다는 점이다. 아이는 그것을 비교로 느끼고 자신을 초라하다고 여기게 된다. 따라서 아이에게 위협이 되지 않을 정도로 성숙한 어른이어야 영웅으로 받아들여질 수 있다.

9) 아들을 지켜보라, 계속 지켜보라

수년간 수천 명의 소년들을 치료하면서 관찰한 결과, 소년들이 갖는 문제들에 대한 해결책은 대부분 엄청나게 단순했다. 부모들은 아들에게 충분한 관심을 쏟지 않기 때문에, 그 해결책을 잘 찾지 못한다.

　어쩌면 어머니로서 본능 때문일지 모르지만, 나는 자녀에게 귀를 기울이지 않는 어른들을 참을 수가 없다. 우리가 관심을 기울이지 않을 때, 소년들은 커다란 대가를 치르게 된다.

10) 당신이 줄 수 있는 최고의 것을 주어라

많은 남자아이들은 여자아이들보다 더 민감하고 더 쉽게 상처를 받는다. 남자아이들이 자신의 감정을 더 감추려 하기 때문에 그것을 보지 못할 뿐이다. 그것은 일종의 '남자들의 규칙'이다. 깊은 감정을 억누르는 것이 때로 어린 소년들에게는 해로울 수 있지만, 남자들의 경우에는 성숙해가는 과정에서 도움이 될 수도 있다. 하지만 소년은 남자가 아니다. 우리가 할 일은 소년들을 주의 깊게 살피고, 아이들이 건강한 변화를 겪고 감정적 발달을 잘 이룰 수 있도록 도와주는 것이다.

소년은 친구들 앞에서 항상 용감한 표정을 지으려고 한다. 하지만 아버지, 또는 어머니 곁에 앉았을 때에는 자신의 깊은 감정을 드러낼 수 있고, 그렇게 해도 놀림을 받거나 거부되지 않을 거라고 느끼는 것이 아이에게는 매우 중요하다. 모든 소년들은 이런 감정의 배출구가 필요하다.

아들의 감정을 두려워하지 마라. 그것은 강렬하기 때문에 아들과 당신은 그것을 쉽게 무시할 수 없다. 소년의 안에 억눌린 감정은 실제로 아이의 행동을 변화시킨다. 아이가 주먹을 날리거나 뛰어오르고, 발차기를 날릴 수도 있다. 이런 행동의 변화는 소년의 감정이 얼마나 강력한지를 보여준다.

그러므로 아들에게 자신의 감정을 인정하고, 그것들을 이해할 수 있게 가르쳐라. 아이에게 슬픔은 자연스러운 것이라고 가르쳐라. 아들에게 인내심을 가지도록, 또한 슬픔과 버림받는 느낌은 인정한 다음 떠나보내야 하는 감정들이라는 것을 가르쳐라. 부모는 아들이 이해할 때까지 대화할 준비가 되어 있어야 한다. 질문은 간단하게 하고, 절대 아이에게 대답을 강요하면 안 된다. 그리고 아이의 대답에 주의 깊게 귀를 기울여라. 아이가 말할 때, 그의 표정과 몸짓을 잘 살펴라. 아이는 심지어 자신도 이해하지 못하는 자신의 감정을 당신이 이해해주길 바랄 것이다. 아들과 더 좋은 관계를 형성할수록, 당신이 아들과 더 많은 시간을 보낼수록, 아들은 자신의 마음을 더 열고 당신을 신뢰하게 될 것이다. 아들이 자신의 마음속 깊은 생각이나 자신을 괴롭히는 감정을 드러낼 때, 절대 아이를 비판해선 안 된다. 그저 아들의 말에 귀 기울여라.

모든 소년은 자신이 사랑하고 존경하는 누군가가 매일 시간을 들여서 자신을 바라봐주길 바란다. 누군가 자신을 바라본다고 느끼면, 아이는 자기가 하는 모든 일에 주의를 기울인다. 소년은 부모가 자신을 지켜볼 때 자기가 매우 중요한 사람이라고 느낀다. 당신이 사랑하는 아들에게 이런 경험을 선사하라. 우리 아이들은 부모로부터 가장 좋은 것을 받아야 한다.

　아들을 남자로 키우는 일은 당신이 하게 될 일 중 가장 힘들고, 짜증스럽고, 고통스러운 일일 것이다. 하지만 그것이 가져다주는 기쁨은 인생의 어떤 것과도 비교할 수 없다. 나는 어느 아버지가 아들을 대학에 데려다주고 헤어지면서 눈물이 글썽한 얼굴로 스무 살 아들에게 이렇게 말하는 것을 들었다. "네게 말해주고 싶은 게 있단다, 아들아. 네가 스무 살이 되어 남자가 된 모습을 보니, 음, 내 삶이 이보다 더 좋을 순 없을 것 같구나."

　당신은 마음속 깊은 곳에서 직업적인 성공이 전부가 아니라는 것을 알고 있다. 물론 일은 매우 중요하다. 하지만 때로 일은 당신이 사랑하는 사람과 더 풍요로운 관계를 만들 기회를 빼앗아버린다. 그리고 그런 관계들이야말로 인생에 진짜 기쁨을 가져다준다.

　당신을 기다리는 아이가 있다. 어쩌면 그 소년은 네 살일 수도 있고, 스물네 살일 수도 있다. 당신의 아들은 당신이 자신을 바라봐주고, 지원해주고, 삶과 일에 대해 가르쳐주고, 자신의 삶이 정말로 무엇을 의미하는지 알려주길 바란다. 아들에게는 당신이 필요하다. 소년이 보는 세상은 혼란스럽고 고통스럽다. 당신이 아이와 같은 편이 되어야 한다. 그리고 혼란스러운 세상과 맞설 수 있다는 걸 보여주자. 바로 지금.

나약하지 않고 부드러운, 흔들리지 않고 의지가 굳은

아들, 남자로 키우기

초판 1쇄 인쇄 2013년 3월 7일
초판 1쇄 발행 2013년 3월 14일

지은이 | 메그 미커
옮긴이 | 조한나
펴낸이 | 이대희
펴낸곳 | 지훈출판사

기획편집 | 허남희
마케팅 | 윤태영
교정, 교열 | 이홍림
디자인 | 성인기획
경영지원 | 안지영, 김정미
공급처 | 서경서적
전화 | 02-737-0904 팩스 | 02-723-4925

출판등록 | 2004년 8월 27일 제300-2004-167호
주소 | 서울시 종로구 내자동 167-2 인왕빌딩 1층
전화 | 02-738-5535
팩스 | 02-738-5539
E-mail | jihoonbook@naver.com

편집저작권ⓒ지훈출판사
ISBN 978-89-91974-43-2 13590